绿手指小花园系列

# 四季创意
# 组合盆栽

[日]上田广树〇著　　裘 寻〇译

*Seasonal Flower*
*Displays*
*in Containers*

长江出版传媒 湖北科学技术出版社

此处的主角是多种从春季开放到秋季、拥有多彩花色的矮牵牛，四周还点缀着其他小花和彩叶植物。

# 序　言

　　组合盆栽，一种将多种植物同种在一个盆器内的种植艺术，不需要庭院之类的宽敞空间，任何人在任何地方、任何时间都能轻松上手、愉快赏玩。

　　组合盆栽，就是这么自由。"必须如此这般"的束缚，是不存在的。

　　随心所欲地搭配喜爱的植物，将快乐定格一段时间，使得每一个制作组合盆栽的人都很有成就感，这正是组合盆栽的魅力所在。如果能稍微了解一些组合盆栽的制作法则，它的可能性会更加多元。

　　植物的巧妙搭配不仅会给盆栽增添美感，还能给观赏者的心情带来奇妙的变化。另外，根据季节及植物生长特性来选择和搭配植物，还能打造出随季节而变换的作品，不满足于当下的完美造型，而是在种下植物之后，让植物向着完美造型不断生长，这就是制作组合盆栽最大的乐趣。

　　本书会介绍一些将植物搭配得更美观的技巧，以及组合盆栽后期美化、养护的要点。如果爱花的你们能够利用这些小诀窍，并将自身的情感融入盆栽，让这一段组合盆栽的体验之旅更有生命力、更有自我风格，我将感到无比荣幸。


上田广树

# Contents

# 目　录

## Chapter 1
### 春去夏至的组合盆栽专题　15

## Chapter 4
### 冬去春来的组合盆栽专题　57

## Chapter 2
### 夏去秋来的组合盆栽专题　29

## Chapter 5
### 花环造型的组合盆栽专题　71

## Chapter 3
### 秋去冬至的组合盆栽专题　43

### ◆组合盆栽的基础知识　81

## 使用指南

### 作品页的阅读方法

　　本书介绍了全新设计打造的组合盆栽作品。由于季节、地域、植物品种的限制,不一定能买到完全相同的植物,请以本书为参考,根据情况适当调整。

❶作品的主题和风格用英语和中文进行了表达

❷设计形式用"平面"和"立体"的标签标注

❸作品特征的解说

❹核心植物（花材和叶材）

❺俯视结构图

❻植物清单

❼制作难度（星星越多,难度越大）

❽花器的材质

❾使用植物的种类数量

❿植株的数量（括号内是分株前的株数）

⓫花器的尺寸（单位：mm）

⓬作品的观赏期（月份）

⓭管理方法及制作要点

*cheerful color*

复古色的花器中
盛开着色彩鲜艳的小花

明亮的桃彩色小朵矮牵牛花用黄色的小花衬托起来,再搭配上孔雀草绿色的花朵,更加凸显了其明媚的色彩。无论中蓝大了紫色主题的阳红色,还是花型比矮牵牛还要娇小的种类,盆里花的杂色品种使作品整体更加明亮、柔和。

### 图鉴页的阅读方法

　　这部分分别介绍了不同季节的组合盆栽推荐植物。

❶ 矮牵牛

❷ ○ M

❸ 形态：团簇生长／横向生长

❹ 分类：茄科一年生草本

❺ 特征：炎炎夏日也照常盛开,是春季到秋季的常用植物。根据品种不同,有团簇生长的,也有横向生长的。色彩非常丰富。

❻

| 1 | 2 | 3 | 4 | 5 | 6 | 7 | 8 | 9 | 10 | 11 | 12 |

❶植物名（以植物常用名优先）

❷图标（○代表适合制作花环,M代表适合作为混栽的素材）

❸植物的生长形态

❹植物分类或园艺分类

❺植物的特征

❻植物的观赏期（粉色是花的观赏期,绿色是叶的观赏期）

·本书中植物的生长条件以日本关东至关西平原地区的环境为基准。

# 制作组合盆栽的6个要点

掌握要点之后再动手，2个月后组合盆栽依旧能够美丽动人。

平面混栽式的组合盆栽

立体组合式的组合盆栽

## 1. 组合盆栽的设计形式

组合盆栽的设计形式大体上可以分为两种。

①立体组合——利用植物形态、栽培方式等的差异制造视觉落差，打造出具有立体感的组合盆栽。秋季到次年春季这一时期植物生长较为缓慢，植株形态不容易走样，可供选择的种类十分丰富，即使是初学者，也能制作出可长期观赏的作品。

②平面混栽——将形态不易变化的植物混合种植，以突出某种植物的方式进行搭配。需要注意的是，这类盆栽植株密度较高，在高温时期需要选择水分蒸腾较少的植物，并且比起其他季节，要略微加大植株间距。

## 2. 确保根部空间

制作组合盆栽时，难免会有"把花器种得满满当当，打造出华丽造型"的想法。但是，花器的大小几乎直接决定了可栽种植物的数量。这样一来，就不得不把各植物根部的土球打散来制造空间。然而，有些植物的根部很容易受伤，最好挑选根部不易受损的植物，然后对其进行拆分，以确保能有足够的空间进行混合搭配。

另外，事先了解各种植物的根部形态和不同季节处理土球的方法，可以让操作更加顺利。

组合盆栽的空间十分有限，需要在苗木土球的处理上多下功夫。

可爱风格的镀锡花器

## 3. 了解不同植物适合的花器

花器的款式很大程度上会影响组合盆栽成品给人的印象。

配合植物的花色、叶色来挑选适合的花器，打造出可爱、时尚或是别具一格的作品。组合盆栽所表现的风格，若同时体现在花器上，作品就会显得很有整体感，从而让组合盆栽更能表现它所使用的植物的特色。

别致的铁制花器

别出心裁的陶制花器

### 4. 了解植物喜好的环境

每种植物喜好的环境各有不同，需要弄清楚两个关键问题：一是植物喜阳还是喜阴；二是植物喜湿还是喜干。

光照方面，需要特别注意的是夏天的强烈日照。夏天的西晒所产生的强光，对植物来说是很大的负担。不仅是喜阴或者半喜阴的植物，耐晒的植物也需要注意防护。而初夏到初秋以外的时期，则不必过于在意光照的强度。

浇水方面，除了一些喜干的植物，一般市售植物的浇水问题都不用想得过于复杂。虽然每种植物需要的水量不同，但种在一起摆放在室外时，风吹日晒足以促进土壤中水分的蒸发，因此统一浇水即可。另外，根系容易盘结在一起的植物，浇水时只需在根部多浇一点即可。

不过，不论是对于光照的选择还是水分的管理，都需要在对植物有基本了解的前提下进行合理选择。

根据盆栽摆放位置的不同，选择的植物不尽相同，管理方法也有所不同。即使只是花台上和花台下的差距，光照条件也会产生很大的变化。

### 5. 了解颜色的搭配方法

颜色的搭配因每个人的喜好不同会有千差万别，但还是有一定的规律可循。如果要制作以颜色为主题的组合盆栽，最好掌握一些实用的配色知识及色彩组合方案。然后，在此基础上加入能展现自己个性的颜色，就能创作出更有趣的作品了。

淡紫色的盆器中植入同色系的花和叶，打造出层次感，深紫色的矾根让层次更分明。

### 6. 构思作品的风格

近年来，归功于育种家们对植物的不懈研究，市面上植物的种类和颜色越来越多。另外，陶瓷、镀锡、木头等不同材质的花器也都纷纷出现了。

如此一来，曾经"把粉色的花种在茶色的陶器里"这种简单的想法，也要变成更加复杂的描述了，比如"把柔和的、淡粉色的花，种在古朴的、有残缺美的茶色花盆中"。像这样，加入"柔和的""古朴的"之类的设想，将它们融入相关的设计主题，创作出具有故事性的作品。我想，这就是作品的风格吧。

挑选植物时，不仅要进行合理配色，还要确认植物是否符合特定的风格，这样才能让组合盆栽的魅力更上一层楼。

带提手的花篮里种上了紫色、黄色、粉色等多种颜色的植物。花篮的颜色与花色、叶色相互交融，让作品融合成了一个优雅的整体。

# 组合盆栽的设计形式
## I 具有高低差的立体组合

利用株高不同的植物，打造出充满立体感的组合盆栽。

巧妙打造立体感的要点，就是把植株按株高分为高、中、低3类进行组合搭配，在花盆中打造出层次感，就仿佛把自然景观浓缩在了小小花盆之中。具体数值根据花盆的尺寸等条件会有所不同。

1
厚实的叶片和最大的花朵担任组合盆栽中的主角，突出作品的华丽感。

2
在搭配植物时，不对称的构图会比对称构图更具时尚感。

3
用于三面观赏的组合盆栽，无须过于强调背面的造型。

4
柔软的叶片和色泽淡雅的小花，在仙客来与周围的植物之间形成良好的过渡。

## ◇ 立体组合的小技巧

1 准备高、中、低3种高度的植物。

2 先种最高的植物。

3 按从高到低的顺序，不对称地配植其余植物。

# II 主角鲜明的平面混栽

使用简单的技巧，让组合盆栽的格调瞬间提升。

选定担任主角的花材后种植数株，再在其间和周围添上其他小花或者彩叶植物，全体形成混搭，达到和谐的效果。甫一完成，繁花似锦的效果立现。搭配一些枝条可伸展的植物效果更佳，虽然枝条伸长后会显得凌乱，却也增添了自然的韵味。如果有过长的枝条，适当修剪即可。

**1**
优雅的仙客来作为主角，配植在花盆中央。四周及仙客来缝隙间种满彩叶植物，作品主角鲜明又充满生气。

**2**
伸出花盆边缘的枝条自然地下垂。这些从花盆里探出头的枝条，更能营造自然的氛围。

**3**
平面混栽的作品中植株不需要制造高低差，所以适合四面观赏。

## ◇平面混栽的小技巧

**1** 挑选带有长枝条的彩叶植物（这里是常春藤）。

**2** 将彩叶植物插入主角花材（这里是舞春花）的空隙里，使其融入其中。

**3** 调整较长的枝条，使整体布局合理、美观。

# 制作初学者也能上手的
# 组合盆栽

挑选喜欢的花材和盆器来制作组合盆栽吧。

组合盆栽最大的特点，就是在一个花盆里种植多种植物。你可以一边栽培植物，一边进行色彩搭配与造型设计，打造出属于自己的花卉艺术作品。

初学者可以模仿本书介绍的案例开启组合盆栽之旅。上手了之后，再尝试加入自己喜欢的元素，打造出属于自己的原创作品。刚开始尝试时，失败在所难免。通过失败，一点点积累经验，在实践的过程中，你会不断有新的发现。

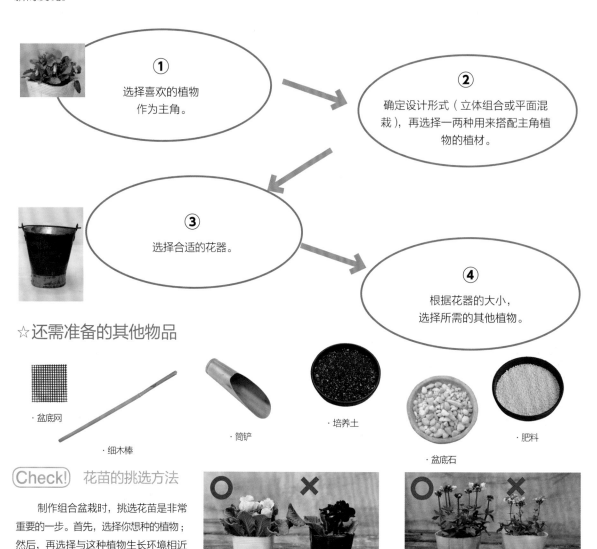

① 选择喜欢的植物作为主角。

② 确定设计形式（立体组合或平面混栽），再选择一两种用来搭配主角植物的植材。

③ 选择合适的花器。

④ 根据花器的大小，选择所需的其他植物。

## ☆还需准备的其他物品

· 盆底网

· 细木棒

· 筒铲

· 培养土

· 盆底石

· 肥料

Check! 花苗的挑选方法

制作组合盆栽时，挑选花苗是非常重要的一步。首先，选择你想种的植物；然后，再选择与这种植物生长环境相近的其他植物。

另外，选择健康的花苗也是关键的一点。用心设计好了构图和色彩搭配，如果花苗的生长状态不佳，也很难达到预期的效果。严重时，甚至还会出现栽培过程中花苗坏死的情况。

①青翠欲滴的健康枝叶上长着许多新鲜的花和花蕾。 ②叶片枯黄，还很纤薄。花即将枯萎，也几乎没有新的花蕾。

③翠绿健康的叶片很多。状态饱满的花和花蕾长得满满当当。 ④几乎没有叶片，花快谢了，花蕾也少。

# 制作错落有致的组合盆栽

花材：骨子菊（上）、天竺葵（中左）、龙面花（中右）、
鳞托菊（下左）、百里香（下右）。
材料：培养土、盆底石、盆底网、颗粒状基肥、固体追肥（种植1个月后施肥）、木棒、花盆。

色彩明亮的骨子菊周围点缀着粉
色系的小花，尽显春日气息。

1 种植前先进行布局。骨子菊株高较高，配置在中央偏后方，其他植材配置在四周。

2 花盆的底孔用盆底网盖上，上面再铺一层2~3cm厚的盆底石。

3 倒入混合了基肥的培养土。

4 确保土的高度在花苗的土球栽入后，根部土球的高度比盆沿低1cm左右，再用小铲子之类的工具轻轻整平土表。

5 轻轻拍落花苗土球上没有根缠绕部分的泥土，让土球形状变得圆润。

6 拍落少量土后，用双手轻轻压土球，调整形状。

7 在花盆中央偏后方种上最高的骨子菊。

8 其他花苗土球处理好后，种在骨子菊周围。

9 百里香的土球就算打散了也不会对根部造成太大的损伤，可以放心去掉多余的土。

10 处理后的百里香土球只剩一半左右的体积了，可以轻松放入狭小的空间。

11 把处理后的百里香种在花盆前方，让它的枝叶微微下垂。

12 用土填满花盆和土球及土球与土球之间的空隙。

13 用手指或者木棒轻轻将土压实。

14 轻轻地摇晃拍打花盆，让土混合得更加均匀。

## 专栏

### ※ 注意植株的间距

种完植株，往花盆里填土时，注意不要忽略了植株之间的空隙，以及边上的植株与盆壁之间的空隙。

另外，如果填土时土没有压实，浇水时就会出现土塌陷的情况，继而导致植株间产生过大的空隙。因此，填土后务必记得用手指或者木棒把土压实。如果有塌陷的部分，就需要补填培养土。

15 用手指在花盆边沿压出一圈浇水槽。

16 分次浇水，直到盆底有水流出。注意不要让培养土洒出盆外。

## ◇铺上覆盖物

**1** 用水浸湿水苔，然后轻轻挤干水，将水苔分成若干小份。

**2** 将水苔仔细铺在培养土的表面，不要留空隙。

**3** 铺得太厚会影响土壤的透气性，因此薄薄铺上一层即可。

## ◇拆分花苗植株

市售的彩叶类植材盆栽中，一个花盆里通常会有好几株植株。对于这类植材，只要气候适宜，任何时候都可以进行拆分（某些特殊植材除外）。拆分的时候，仔细观察枝叶分别属于哪一株，然后谨慎地进行拆分，注意不要扯断植株的根部。只要植株根部缠绕得不是很紧密，一般都能顺利拆分。

**1** 多株龙血锦混种在一起。

**2** 仔细确认各株的情况，用手轻轻将它们一点点拆分。

**3** 根部还未紧密纠缠到一起，可轻松拆分。分成了大小相当的4株。

## 专 栏

### ※ 寻找色彩的共同点，进行巧妙地搭配

近年来，市面上新增了很多颜色变化微妙，或者混合了多种颜色的稀奇植物。使用这些色彩比较复杂的植物来制作组合盆栽时，可以先了解它们色彩的具体构成，然后搭配有共同色的植物。

比如，暖色系的杏粉色中包含了有红色、橘色、粉色、淡褐色等成分，可以用红色的彩叶或者粉色系的花来搭配，共同的色彩相互呼应，能使不同植物自然融合。

### ※ 不太规整的植株也十分好用

选择茎叶整齐的优良植株是挑选植株的基本原则。但是，在寒冷的冬天等植物生长较为缓慢的时期，或是在想补足整个作品的高度时，也可以使用一些造型不太规整的植株。不过，长得过长而立不住的植株是不行的。

# 花苗土球的 处理方法

如果能巧妙地拆分花苗的土球，即使在小小的花盆里，也能种入大量的植株，做成豪华的组合盆栽。快来掌握适合不同季节及不同植物的土球处理方法吧。

## 轻压土球，调整形状 ▶

不破坏花苗原本的土球，只是稍微让其形状更加圆润，适合种入盆中。可全年使用，且适用于绝大部分植物。

在适宜的季节处理健壮的植物时，细细拆分根部、抖落附着的多余土壤，让土壤状态变得松软后，轻轻用手揉捏，使土球的形状变得更加圆润。

**1** 土球从原盆中取出后的状态。就这样直接种植的话，会很占空间。

**2** 用双手轻轻按压土球。

**3** 根据选用的花盆样式，调整土球的形状。

## 去除多余的根和土 ▶

在合适的气候下，或者处理根部不会轻易受损的植物时，可以采用这种方法。

**1** 将土球底部根须缠绕的部分连根带土一起去除。

**2** 将外侧的根和土去掉一部分。

**3** 土球瘦了两圈。

## 水洗根部 ▶

不切除根部，只是用水清洗掉泥土。这个方法可以全年使用，且适用于绝大部分植物。

**1** 把土球放入装了水的容器里。

**2** 小心地不停转动土球，清洗表面的泥土。

**3** 去除多余的泥土后，土球苗条了许多。

此作品的主角是在炎炎夏日仍然盛开的各种矮牵牛。

# *Chapter 1*
# 春去夏至的组合盆栽专题

## 这是植物最为丰富的时期

春去夏至，这是一个热闹的时期。此时，植物的生长最为活跃，园艺店里也会摆出各种各样、色彩丰富的花花草草。适合制作组合盆栽的植物，自然也不在少数。

这个气候适宜、可选植物种类繁多的时期，非常适合来体验组合盆栽的乐趣。但是，春夏换季时，气温变化较大，制作组盆时需要多多注意植物的生长状况、高温高湿造成的受潮问题等。

# 春夏季节组合盆栽精彩案例

核心花材

① ②

核心叶材

③

俯视结构图

②
③
①

**植物清单**
① 矮牵牛
② 伏胁花
③ 蓝星花

*cheerful color*

## 复古色的花器中
## 盛开着色彩鲜艳的小花

平面

明亮的桃粉色小朵矮牵牛花用黄色的小花包围起来，再搭配上孔雀绿色的花器，更加凸显了其艳丽的色彩。周围的小花特地选择了花型比矮牵牛还要娇小的种类，无形中放大了作品主题的粉红色。蓝星花的杂色品种使作品整体更加明亮、柔和。

**数据**
难度 ☆ ☆
材质 镀锡
种类 3 株数 6（5）
尺寸 长：262 宽：152 高：175

| 1 | 2 | 3 | 4 | 5 | 6 | 7 | 8 | 9 | 10 | 11 | 12 |
|---|---|---|---|---|---|---|---|---|----|----|----|

**要点**

此作品中所用的植物都是生长旺盛的类型，因此在考虑平衡的前提下，需要对生长过快的枝条进行适当修剪。伏胁花容易受潮，需要注意养护。

核心花材

① ②

核心叶材

③ ④

俯视结构图

**植物清单**
① 长春花‘夏薄荷’
② 牛至‘肯特美人’
③ 络石
④ 常春藤
⑤ 五彩苏
⑥ 亮叶忍冬

## *fresh white*
# 绿色的花盆搭配
# 色彩淡雅的植物

平面

这件作品使用了白色及粉色的植物。长春花的花瓣呈白色，花心又微微透出粉红色，旁边是淡粉色的牛至和白色的络石。其他植物的颜色，也至少包含了白色、绿色、粉红色中的任意一种，以显和谐。为了不打乱这份和谐，特地选用了深绿色的镀锡花盆。

**数据**

| 难度 | ☆ ☆ ☆ | | |
|---|---|---|---|
| 材质 | 镀锡 | | |
| 种类 | 6 | 株数 | 7 |
| 尺寸 | 长：265 | 宽：265 | 高：250 |

| 1 | 2 | 3 | 4 | 5 | 6 | 7 | 8 | 9 | 10 | 11 | 12 |
|---|---|---|---|---|---|---|---|---|---|---|---|

**要点**

长春花不喜欢潮湿的环境，要注意保持干燥。

17

核心花材

① ②

⑤

核心叶材

③ ④

俯视结构图

**植物清单**

① 矮牵牛‘蓝莓霜’
② 矮牵牛‘银梅’
③ 矾根‘好莱坞’
④ 马蹄金‘银瀑’
⑤ 通奶草‘钻石霜’
⑥ 常春藤‘雪萤’

*refined white*

# 以白色和银色为基调
# 打造时尚感极佳的作品

平面

带有搪瓷涂层的镀锡容器颇有格调，底部开一个洞即可作为花器使用。选用白色和银色的植物简单混合。扮演主角的两个矮牵牛品种，花瓣都是白色的，花心分别为蓝色和粉色。花盆中间的通奶草‘钻石霜’花朵探头探脑，像在偷看矮牵牛一般。

**数据**

| 难度 | ☆ ☆ ☆ | | |
|---|---|---|---|
| 材质 | 镀锡 | | |
| 种类 | 6 | 株数 | 6 |
| 尺寸 | 长:220 | 宽:220 | 高:180 |

| 1 | 2 | 3 | 4 | 5 | 6 | 7 | 8 | 9 | 10 | 11 | 12 |
|---|---|---|---|---|---|---|---|---|---|---|---|

**要点**

把常春藤向上伸展的枝条引入矮牵牛枝条的缝隙间。

## quaint green

# 独特的混合花色
# 极具美感

此作品的主角依旧是矮牵牛，花色极为特别——花瓣边缘的绿色往内渐变成淡黄色。为了不破坏作品整体的色彩氛围，选用了淡蓝色的铁质镂空花架，并垫上了棕榈丝。

### 俯视结构图

**植物清单**

① 矮牵牛'配角'
② 赛葵
③ 多花素馨'银河'
④ 常春藤
⑤ 头花蓼
⑥ 牛至'肯特美人'
⑦ 矾根'点石成金'
⑧ 过江藤

**数据**

| 难度 | ☆☆☆☆ | | 材质 | 铁 | | |
|---|---|---|---|---|---|---|
| 种类 | 8 | 株数 | 11 | 尺寸 | 长:490 宽:240 高:250 | |

| 1 | 2 | 3 | 4 | 5 | 6 | 7 | 8 | 9 | 10 | 11 | 12 |
|---|---|---|---|---|---|---|---|---|---|---|---|

## fresh white

# 在工具箱中
# 恣意生长的夏花

花器中间是白里透绿、清新可爱的重瓣矮牵牛。四周点缀上百里香，再用雪朵花打造出立体感，衬托出矮牵牛的华丽。花盆边缘的枝条向外伸展，仿佛在向四周传递这份美好。

### 俯视结构图

**植物清单**

① 重瓣矮牵牛
② 雪朵花
③ 百里香
④ 蓝星花

**数据**

| 难度 | ☆☆ | | 材质 | 铁 | | |
|---|---|---|---|---|---|---|
| 种类 | 4 | 株数 | 4 | 尺寸 | 长:185 宽:195 高:250 | |

| 1 | 2 | 3 | 4 | 5 | 6 | 7 | 8 | 9 | 10 | 11 | 12 |
|---|---|---|---|---|---|---|---|---|---|---|---|

核心花材

② ③

核心叶材

① ④

⑤

俯视结构图

植物清单
① 斑叶辣椒
② 锡兰水梅
③ 矮牵牛
④ 金丝桃
⑤ 常春藤

*fresh purple*

# 清冷的花色
# 搭配斑驳的容器

平面

花瓣边缘褪成绿色的矮牵牛，搭配花色纯白、花期至秋天的锡兰水梅，以及白、紫混合的斑叶辣椒，一件充满清凉感的作品就完成了。再种上柠檬绿色的彩叶植物，清凉之上，更添明快。

**数据**

| 难度 | ☆ ☆ ☆ ☆ |
| --- | --- |
| 材质 | 铁 |
| 种类 | 5　　株数　10 |
| 尺寸 | 长:350　宽:150　高:150 |

| 1 | 2 | 3 | 4 | 5 | 6 | 7 | 8 | 9 | 10 | 11 | 12 |
| --- | --- | --- | --- | --- | --- | --- | --- | --- | --- | --- | --- |

**要点**

矮牵牛、锡兰水梅在高温天气下容易生长过快，建议适当修剪。

**植物清单**

| | | | |
|---|---|---|---|
| ① 百日菊 | | ⑤ 千日红 | |
| ② 金头菊 | | ⑥ 五彩苏 | |
| ③ 雨地花 | | ⑦ 常春藤 | |
| ④ 蓝花鼠尾草 | | ⑧ 初雪葛 | |
| | | ⑨ 紫花满天星 | |

*cheerful color*

# 色彩斑斓的
# 组合盆栽

立体

除了底部的百日菊以外，其他花材都选用的小型的花材。粉色、紫色、红色、黄色等颜色交织在一起，融合得恰到好处，仿佛充满了乐曲的律动。

**数据**

| | |
|---|---|
| 难度 | ☆ ☆ ☆ ☆ |
| 材质 | 玻璃钢 |
| 种类 | 9 　 株数 9 |
| 尺寸 | 长 :300　宽 :185　高 :240 |

| 1 | 2 | 3 | 4 | 5 | 6 | 7 | 8 | 9 | 10 | 11 | 12 |

**要点**

此作品中的植物多为花期较长的品种，如果后期枝条变得凌乱，需要适当地修剪和追肥。

**植物清单**

| | |
|---|---|
| ① 雨地花 | ⑥ 杂色迷南苏 |
| ② 野甘草 | ⑦ 球葵 |
| ③ 香叶天竺葵 | ⑧ 飞蓬 |
| ④ 杂色马齿苋 | ⑨ 婆婆纳 |
| ⑤ 细叶常春藤 | ⑩ 小叶牛至 |

*cheerful color*

# 古典风的花器中，
# 明媚的夏花迷人眼

平面

在这个作品中，虽然主角色是鲜艳的红色与黄色，但温和的杂色香叶天竺葵和粉色的婆婆纳又让整体色调不会过于刺眼，达到了华丽与柔和并存的效果。花材与花器本身的气质也颇为和谐。

**数据**

| | |
|---|---|
| 难度 | ☆ ☆ ☆ ☆ ☆ |
| 材质 | 镀锡 |
| 种类 10 | 株数 13 |
| 尺寸 | 长:327 宽:210 高:155 |

| 1 | 2 | 3 | 4 | 5 | 6 | 7 | 8 | 9 | 10 | 11 | 12 |
|---|---|---|---|---|---|---|---|---|---|---|---|

**要点**

杂色马齿苋会开出粉色的花，但在此作品中作为带斑纹的彩叶使用。

核心花材

① ② ③

核心叶材

④ ⑤

俯视结构图

**植物清单**

① 山绣球'狮子'　　⑥ 天蓝尖瓣木
② 肉豆蔻天竺葵　　⑦ 斑叶倒挂金钟
③ 野甘草　　　　　⑧ 蓝钟藤
④ 斑叶常春藤　　　⑨ 长阶花
⑤ 蔓长春花　　　　⑩ 蓝花鼠尾草
　　　　　　　　　⑪ 蜡菊

*elegant blue*

# 用清爽色系的小花
# 制作适合初夏的组合盆栽

立体

**数据**

| 难度 | ☆ ☆ ☆ ☆ ☆ | | |
|---|---|---|---|
| 材质 | 陶 | | |
| 种类 | 11 | 株数 | 12 |
| 尺寸 | 长:260 | 宽:260 | 高:280 |

| 1 | 2 | 3 | 4 | 5 | 6 | 7 | 8 | 9 | 10 | 11 | 12 |

此作品选用了以山绣球为首的各种蓝色或白色的小花，像山野间的野草般将它们搭配在一起。作品的底部开满了小花，上部用线条柔美的天蓝尖瓣木、蓝花鼠尾草、斑叶倒挂金钟等来打造高度差，自然又充满野趣。

**要点**

形态独特的常春藤搭配蔓长春花，减轻了作品的单薄感。

23

## cool pink

# 深色的花朵巧妙搭配
# 复古风的花器

立体

　　作品中心是柔和的粉色花朵，四周用深色系的花叶环绕，完美地衬托出了容器的别致。前景的过江藤和头花蓼都开着相似的球形小花。

### 俯视结构图

### 植物清单

① 香彩雀
② 长春花
③ 辣椒
④ 薹草
⑤ 过江藤
⑥ 素馨叶白英
⑦ 千日红
⑧ 头花蓼
⑨ 络石（细叶）
⑩ 假泽兰

### 数据

| 难度 | ☆☆☆☆ | 材质 | 镀锡 |
|---|---|---|---|
| 种类 | 10 | 株数 | 10 | 尺寸 | 长：210　宽：210　高：180 |

1 2 3 4 5 6 7 8 9 10 11 12

---

## shining pink

# 粉色系的花朵
# 从春天绚烂到夏天

立体

　　此作品使用的都是粉色系的花材，虽然都是粉色系，但只要巧妙地利用花色深浅、花形的差异，即使只有一种色系，也能塑造出图中这样充满立体感的作品。

### 俯视结构图

### 植物清单

① 矮牵牛
② 千日红
③ 倒挂金钟
④ 尖叶红叶苋
⑤ 褐果薹草
⑥ 鸡脚参
⑦ 萼距花
⑧ 香彩雀
⑨ 过路黄
⑩ 常春藤

### 数据

| 难度 | ☆☆☆☆ | 材质 | 陶 |
|---|---|---|---|
| 种类 | 10 | 株数 | 10 | 尺寸 | 长：300　宽：300　高：250 |

1 2 3 4 5 6 7 8 9 10 11 12

※ 倒挂金钟怕热，最好在夏季进行移栽。

## *fresh blue*

# 用蓝色、白色的小花
# 给初夏带来一丝清凉

`立体`

　　显眼的银色镀锡容器中种着各式的蓝色和白色小花。天蓝尖瓣木和蓝藤莓等株型较高的植物，能与同样有一定高度的镀锡容器达到平衡。

**俯视结构图**

**植物清单**
① 六倍利
② 野甘草
③ 赛亚麻
④ 宽萼苏
⑤ 朝雾草
⑥ 雪朵花
⑦ 蓝藤莓
⑧ 蓝花鼠尾草
⑨ 天蓝尖瓣木
⑩ 筋骨草
⑪ 小叶常春藤

**数据**

| 难度 | ☆☆☆ | 材质 | 镀锡 | | | |
|---|---|---|---|---|---|---|
| 种类 | 11 | 株数 | 11 | 尺寸 | 长：300　宽：300　高：300 | |

| 1 | 2 | 3 | 4 | 5 | 6 | 7 | 8 | 9 | 10 | 11 | 12 |

---

## *fresh pink*

# 活用造型独特的容器，
# 打造简约又豪华的组合盆栽

`平面`

　　选用生长旺盛、不惧酷暑的矮牵牛为主角花材，简单的3个品种瞬间让盆栽丰满起来，再在其间种入常春藤和婆婆纳，整个组合盆栽的明快感又更上一层楼。

**俯视结构图**

**植物清单**
① 矮牵牛（粉色）
② 矮牵牛（白色）
③ 矮牵牛（紫色）
④ 洋常春藤
⑤ 花叶石蚕叶婆婆纳'米菲兔'
⑥ 薄雪万年草
⑦ 小叶常春藤

**数据**

| 难度 | ☆☆☆☆ | 材质 | 镀锡 | | | |
|---|---|---|---|---|---|---|
| 种类 | 7 | 株数 | 11 | 尺寸 | 长：360　宽：360　高：500 | |

| 1 | 2 | 3 | 4 | 5 | 6 | 7 | 8 | 9 | 10 | 11 | 12 |

# 春夏季节的人气植物

春夏之交，正是植物生长旺盛之时。有些植物会在短时间内飞快生长，不适合作为组合盆栽的素材。另外，还有一部分植物无法适应夏天的高温，需要特别注意。

## 矮牵牛

○ ⋔

**形态**：团簇生长 / 横向生长
**分类**：茄科一年生草本
**特征**：炎炎夏日也照常盛开，是春季到秋季的常用植物。根据品种不同，有团簇生长的，也有横向生长的。色彩非常丰富。

| 1 | 2 | 3 | 4 | 5 | 6 | 7 | 8 | 9 | 10 | 11 | 12 |

## 长春花

○ ⋔

**形态**：直立生长 / 团簇生长 / 横向生长
**分类**：夹竹桃科一年生草本
**特征**：耐热性好，即使盛夏也一样开花，但不喜湿，不可浇水过多。梅雨季需要放到屋檐下或其他干燥的地方进行管理。

| 1 | 2 | 3 | 4 | 5 | 6 | 7 | 8 | 9 | 10 | 11 | 12 |

## 络石

○ ⋔

**形态**：团簇生长 / 横向生长
**分类**：夹竹桃科常绿木质藤本
**特征**：新芽是明粉色的，叶片会慢慢长出白斑，是一种易于种植的彩叶植物。到了冬季，还可观赏其红叶。

| 1 | 2 | 3 | 4 | 5 | 6 | 7 | 8 | 9 | 10 | 11 | 12 |

## 雨地花

⋔

**形态**：直立生长 / 横向生长
**分类**：玄参科多年生草本
**特征**：鲜艳欲滴的红色花朵可以从春天开到秋天。枝叶生长比较快，需要适当修剪。还要注意不可浇水过多。

| 1 | 2 | 3 | 4 | 5 | 6 | 7 | 8 | 9 | 10 | 11 | 12 |

## 半边莲

⋔

**形态**：团簇生长 / 横向生长 / 直立生长
**分类**：桔梗科一年生草本（也有多年生的品种）
**特征**：品种繁多。有一年生的，也有多年生的；既能单独种植，也可作为绿叶进行搭配。

| 1 | 2 | 3 | 4 | 5 | 6 | 7 | 8 | 9 | 10 | 11 | 12 |

## 通奶草'钻石霜'

⋔

**形态**：直立生长 / 团簇生长
**分类**：大戟科一年生草本
**特征**：植株上开满白色的小花。枝叶纤细，水分不易散失，可种植于其他植株之间。如果坚持精心修剪，即使小小一株也能出落得精华美丽。

| 1 | 2 | 3 | 4 | 5 | 6 | 7 | 8 | 9 | 10 | 11 | 12 |

## 千日红

**形态**：直立生长 / 团簇生长
**分类**：苋科一年生草本
**特征**：耐热，从春季到秋季可长期观赏。有株型较高的品种，也有株型较矮的品种，可根据需求选择使用。

| 1 | 2 | 3 | 4 | 5 | 6 | 7 | 8 | 9 | 10 | 11 | 12 |

## 赛亚麻

○ ⋔

**形态**：直立生长 / 团簇生长 / 横向生长
**分类**：茄科多年生草本
**特征**：耐热性好，白色、紫色的清凉色系小花，从春天一直开到秋天。花朵的状态不佳时，适当地修剪即可。

| 1 | 2 | 3 | 4 | 5 | 6 | 7 | 8 | 9 | 10 | 11 | 12 |

## 天蓝尖瓣木

**形态：**直立生长
**分类：**夹竹桃科多年生草本
**特征：**清爽的蓝色花朵从春去开到秋来。高温会影响花期。花谢后，需要进行适当修剪。容易吸引蚜虫，需要定期用杀虫剂预防。

| 1 | 2 | 3 | 4 | 5 | 6 | 7 | 8 | 9 | 10 | 11 | 12 |

## 伏胁花

◎

**形态：**横向生长
**分类：**玄参科多年生草本
**特征：**明黄色的小花，从春天一直开到深秋。节间距较短，植株容易流失水分，需要多浇水。

| 1 | 2 | 3 | 4 | 5 | 6 | 7 | 8 | 9 | 10 | 11 | 12 |

## 球葵

**形态：**直立生长
**分类：**锦葵科多年生草本
**特征：**红色、粉色等色彩艳丽的花，在春天到秋天盛开。如果出现花蕾变少或者枝叶过长的问题，可进行适当修剪。修剪后，枝条上会萌发大量花蕾。

| 1 | 2 | 3 | 4 | 5 | 6 | 7 | 8 | 9 | 10 | 11 | 12 |

## 雪朵花

◎〰

**形态：**横向生长
**分类：**玄参科多年生草本
**特征：**除了盛夏时节，其他时间都能开出粉色、紫色、白色的小花。有单瓣花的、重瓣花的，还有斑叶的，品种丰富。

| 1 | 2 | 3 | 4 | 5 | 6 | 7 | 8 | 9 | 10 | 11 | 12 |

## 常春藤

◎〰

**形态：**横向生长
**分类：**五加科常绿攀缘灌木
**特征：**在室内或室外的多种场合皆可使用的代表性彩叶植物。市面上有保留了长枝条的植株出售，是制作组合盆栽不可或缺的素材。另外，养护时要注意夏天的西晒和冬天的寒霜。

| 1 | 2 | 3 | 4 | 5 | 6 | 7 | 8 | 9 | 10 | 11 | 12 |

## 矾根

◎

**形态：**团簇生长／横向生长
**分类：**虎耳草科多年生草本
**特征：**颜色丰富、容易培植的彩叶植物。最近几年，市面上还出现了垂吊类型的品种。

| 1 | 2 | 3 | 4 | 5 | 6 | 7 | 8 | 9 | 10 | 11 | 12 |

## 斑叶倒挂金钟

〰

**形态：**直立生长／横向生长
**分类：**柳叶菜科常绿灌木
**特征：**杂色的品种繁多，是非常容易搭配的彩叶植物。生长很快，枝条过长时适当修剪即可。

| 1 | 2 | 3 | 4 | 5 | 6 | 7 | 8 | 9 | 10 | 11 | 12 |

## 蓝星花

◎〰

**形态：**横向生长
**分类：**旋花科多年生草本
**特征：**生长旺盛，能从春天一直开到秋天。花朵在阴处就会闭合，因此要放在光照良好的地方进行管理。

| 1 | 2 | 3 | 4 | 5 | 6 | 7 | 8 | 9 | 10 | 11 | 12 |

## 朝雾草

〰

**形态：**横向生长
**分类：**菊科多年生草本
**特征：**有着柔和明快的银色叶片，又叫银叶草。不喜高温多湿的环境，因此要注意不可浇水过多。还有美丽的柠檬绿色品种。

| 1 | 2 | 3 | 4 | 5 | 6 | 7 | 8 | 9 | 10 | 11 | 12 |

# 组合盆栽的用土

## 推荐使用市售的培养土

组合盆栽的用土推荐使用专门种植花草的培养土。掺入了基肥的培养土可以直接使用，如果培养土中不含肥料，最好在使用前掺入基肥。组合盆栽的特点是一个花盆里种植多种植物，而100%适用于所有植物的土壤基本上是不存在的，所以试着制作混合的培养土吧。

市售培养土
使用园艺店等店铺售卖的培养土就足够了。可以咨询靠谱的园艺店，请他们推荐。

鹿沼土
适合种植秋海棠或者杜鹃花之类喜弱酸性土壤的植物。在市售的培养土中混入两成左右的鹿沼土，可以改善土壤的排水性。

珍珠岩
在梅雨季或种植喜好干燥环境的植物，以及想减少培养土用量时，可以在市售的培养土中混入两成左右的珍珠岩。

## 有效利用覆盖材料

市面上有各式各样的覆盖材料出售。覆盖土壤的目的是防止土壤干燥或冻结。在制作组合盆栽时，还能起到美化的效果。

水苔
使用前先浸湿，然后轻轻挤干水，再铺到土壤表面。

染色水苔
水苔染色后的产物。使用方法同水苔。

胡桃壳（碾碎成细小颗粒）
可以展现自然的感觉。也有碾成大颗的。

### 盆底石

在培养土下方铺2cm左右厚的盆底石，可以提高土壤的排水性。

棕榈丝
可以铺在花盆里，露出花盆的部分可用剪刀剪除。

装饰石
市面上有各式各样的装饰石售卖，根据盆栽的风格选择合适的即可。

铺上染色水苔前后的对比。要点是水苔要覆盖全部土表。

## 专栏

### ※ 巧妙利用花形的共通点

像三色堇或者香堇菜这类植物，即使是同属，花形也各不相同。在使用这类素材时，按照花朵的形状和大小分类种植，会显得更整洁。相反，若是不按类别随意组合，能增加视觉上的层次感，也别有一番意趣。

橘色系的明亮色调，让这个集合了数种松果菊品种的组合盆栽作品十分夺人眼球。

# *Chapter* 2
# 夏去秋来的组合盆栽专题

## 这是环境条件极为严苛的时期

夏天的气温、日照、湿度等环境条件对组合盆栽来说都是严酷的考验。不过，掌握了植物的特性，也可以制作出能维持到深秋的作品。另外，入秋后高温和强烈光照还会持续一段时间，但湿度会下降，这时可稍微增加植株的数量。在这个时期，还能体味花朵随着秋意渐浓，色彩随之愈发饱满艳丽的乐趣。

# 夏秋季节组合盆栽精彩案例

核心花材

① ②

核心叶材

③ ④

俯视结构图

**植物清单**

① 长春花'维纳斯的芭蕾裙'
② 素馨'白色公主'
③ 斑叶辣椒
④ 金丝桃'三色'
⑤ 斑叶薜荔（小叶）

*cheerful red*

## 为夏日增亮添彩的
## 明艳组合盆栽

平面

有着明媚花朵的长春花开满了整个花盆，果实、枝叶颜色鲜亮的斑叶辣椒穿插其间，中心种着素馨，柔长的枝条伸展出去，开出纯白的花朵。由于是盛夏时节的作品，容器颜色特意选用了清新的牛油果绿色。

**数据**

| 难度 | ☆ ☆ ☆ |
|---|---|
| 材质 | 陶 |
| 种类 5 | 株数 7 |
| 尺寸 | 长:200 宽:200 高:120 |

| 1 | 2 | 3 | 4 | 5 | 6 | 7 | 8 | 9 | 10 | 11 | 12 |
|---|---|---|---|---|---|---|---|---|---|---|---|

### 要点

长春花长得很快，需要适当修剪过长的枝条。

核心花材

① ②

核心叶材

③ ④

俯视结构图

**植物清单**
① 长春花 '红宝石皇冠'
② 百日菊 '三分地'
③ 小叶五彩苏
④ 羊乳榕
⑤ 数珠珊瑚
⑥ 珊瑚樱
⑦ 常春藤

*fresh yellow*

# 鲜艳的花朵
# 与彩叶植物完美搭配

平面

这件作品的主角是在酷暑也照样盛开的长春花和百日菊。从缝隙中伸出的小叶五彩苏，让红与黄过渡流畅。底部叶片上有白色纹路的羊乳榕，为整体增加了一份清凉感。

**数据**

| 难度 | ☆ ☆ ☆ |
|---|---|
| 材质 | 陶 |

| 种类 | 7 | 株数 | 10 |
|---|---|---|---|

| 尺寸 | 长：275 宽：275 高：240 |
|---|---|

| 1 | 2 | 3 | 4 | 5 | 6 | 7 | 8 | 9 | 10 | 11 | 12 |
|---|---|---|---|---|---|---|---|---|---|---|---|

**要点**

长春花和百日菊在高温时期都很容易生长过快，需要适当修剪。

## bright red
# 以柔和的线条
# 衬托绽放的大丽花

立体

　　此作品突出了白色和红色的对比。为了不让大丽花的花色和轮廓显得过于突兀，用金线草的柔枝勾勒出线条，并使用古铜色的狼尾草进行搭配。底部种植了小头蓼等植物来填充构图边缘。

俯视结构图

**植物清单**
① 大丽花
② 金线草
③ 紫叶狼尾草
④ 红龙腺梗小头蓼
⑤ 红脉酸模
⑥ 矾根

**数据**

| 难度 | ☆☆☆ | 材质 | 陶 | | |
|---|---|---|---|---|---|
| 种类 | 6 | 株数 | 7 | 尺寸 | 长:200　宽:200　高:200 |

| 1 | 2 | 3 | 4 | 5 | 6 | 7 | 8 | 9 | 10 | 11 | 12 |
|---|---|---|---|---|---|---|---|---|---|---|---|

## refined orange
# 橘黄色和柠檬绿色的
# 亮眼组合

平面

　　盛开的万寿菊种上一大片，底部搭配了花叶蝴蝶草，作品整体色调十分明亮鲜艳。花盆中央种植了别致的南二仙草，使花草和容器的搭配更加和谐。万寿菊需要定期喷洒药剂，防止叶蝇。

俯视结构图

**植物清单**
① 万寿菊‘吉娃娃’
② 花叶蝴蝶草‘蓝色脉冲’
③ 南二仙草‘惠灵顿古铜’

**数据**

| 难度 | ☆☆ | 材质 | 铁 | | |
|---|---|---|---|---|---|
| 种类 | 3 | 株数 | 7 | 尺寸 | 长:260　宽:260　高:415 |

| | 2 | 3 | 4 | 5 | 6 | 7 | 8 | 9 | 10 | 11 | 12 |
|---|---|---|---|---|---|---|---|---|---|---|---|

核心花材

① ②

核心叶材

③ ④

俯视结构图

**植物清单**
① 波斯菊 '古典'
② 数珠珊瑚
③ 灯心草
④ 红桑
⑤ 木藜芦 '彩虹'
⑥ 金银木
⑦ 矾根

*quaint pink*

# 柔美可爱的波斯菊
# 与独特线条的有趣搭配

立体

充满静谧感的浅褐色花盆衬得波斯菊娇俏可爱。波斯菊纵向的笔直线条，配合形状独特的灯心草和横向生长的柔软的木藜芦，整体像是融进了自然的气氛里，而数珠珊瑚的红色果实和红桑的花穗又透出丝丝秋意。

**数据**

| 难度 | ☆ ☆ ☆ ☆ ☆ | | |
|---|---|---|---|
| 材质 | 陶 | | |
| 种类 | 7 | 株数 | 7 |
| 尺寸 | 长 :200 | 宽 :200 | 高 :270 |

| 1 | 2 | 3 | 4 | 5 | 6 | 7 | 8 | 9 | 10 | 11 | 12 |
|---|---|---|---|---|---|---|---|---|---|---|---|

**要点**

波斯菊会接连开花，可以追加液体肥进行养护。

核心花材

① ② ③

核心叶材

④ ⑤

俯视结构图

**植物清单**
① 松果菊（4种）
② 金英
③ 百日菊
④ 火焰狼尾草
⑤ 矾根
⑥ 莲子草'千日小坊'
⑦ 爆仗竹
⑧ 常春藤'雀跃'

*refined orange*

# 用明艳的渐变橘色系
# 凸显夏日风采

立体

**数据**

| 难度 | ☆ ☆ ☆ ☆ |
|---|---|
| 材质 | 铁 |
| 种类 | 8　　株数　13 |
| 尺寸 | 长:330　宽:200　高:310 |

| 1 | 2 | 3 | 4 | 5 | 6 | 7 | 8 | 9 | 10 | 11 | 12 |
|---|---|---|---|---|---|---|---|---|---|---|---|

用花朵颜色、大小、形状各不相同的4种松果菊做成了这个极具视觉冲击力的组合盆栽。松果菊底部的百日菊和穿插其间的金英使其生硬的线条柔和了许多。狼尾草原本是直立向上生长的，此处特地选用了枝条柔软的品种，让它从略有高度的花盆中轻轻垂下。

**要点**

松果菊在一定时期内可以放心大胆地大量种植。花期结束后，再一株株地移植到花坛或花盆里。

**植物清单**

| | |
|---|---|
| ① 钴蓝鼠尾草 | ⑧ 银叶菊 |
| ② 天蓝鼠尾草 | ⑨ 薰衣草'西班牙 |
| ③ 铜叶天蓝鼠尾草 | 之眼' |
| ④ 常春藤'潮香' | ⑩ 三叶草'巧克力' |
| ⑤ 沿阶草 | ⑪ 金线草 |
| ⑥ 紫茎泽兰 | ⑫ 翠菊 |
| ⑦ 龙胆 | |

*shining blue*

# 清新的蓝色渐变花丛
# 仿佛随风摇曳

立体

做旧的蓝色铁质容器里聚集了各式蓝色系的花朵，组成了一件清新的盆栽作品。线条纤细柔软的天蓝鼠尾草、钴蓝鼠尾草、金线草既有高度上的层次感，又有色彩的层次感，底部的龙胆线条和色彩分明。彩叶植物则选用了白色、银色等色调较为明亮的品种。

**数据**

| | | | |
|---|---|---|---|
| 难度 | ☆☆☆☆☆ | | |
| 材质 | 镀锡 | | |
| 种类 | 12 | 株数 | 13 |
| 尺寸 | 长 :230 | 宽 :230 | 高 :240 |

| 1 | 2 | 3 | 4 | 5 | 6 | 7 | 8 | 9 | 10 | 11 | 12 |
|---|---|---|---|---|---|---|---|---|---|---|---|

**要点**

这个组合盆栽即使后期构图变得凌乱也无妨，反倒增添了些许自然的风情。紫茎泽兰和龙胆的残花十分醒目，要记得清除。

# 五彩斑斓的配色
# 为炎炎夏日添彩

平面

此作品集合了红色、紫色和粉色的青葙，四周种了一圈斑叶辣椒，既整齐又活泼。百日红在高温下生长很快，如果过长的枝条破坏了画面的平衡，则需要适当修剪。

### 俯视结构图

**植物清单**
① 青葙（粉色）
② 青葙（红色）
③ 青葙（紫色）
④ 斑叶辣椒'掌声'
⑤ 枪刀药
⑥ 斑叶薜荔（小叶）
⑦ 斑叶五叶地锦

**数据**

| 难度 | ☆☆☆ | | 材质 | 镀锡 | | |
|---|---|---|---|---|---|---|
| 种类 | 7 | | 株数 | 15 | 尺寸 | 长:360　宽:190　高:220 |

| 1 | 2 | 3 | 4 | 5 | 6 | 7 | 8 | 9 | 10 | 11 | 12 |
|---|---|---|---|---|---|---|---|---|---|---|---|

# 用三色翠菊
# 打造渐变之美

平面

翠菊的花色多样，令人印象深刻，选取紫色、淡紫色和白色的品种混合密植，让枝叶交织。为了不让紫色显得浓厚，植株之间点缀了白斑雪苋，花盆中央和四周还种植了叶片有着白色纹路的多花素馨，使得作品又多了几分明快的感觉。

### 俯视结构图

**植物清单**
① 翠菊（紫色）
② 翠菊（淡紫色）
③ 翠菊（白色）
④ 白斑雪苋
⑤ 多花素馨'银河'

**数据**

| 难度 | ☆☆☆ | | 材质 | 镀锡 | | |
|---|---|---|---|---|---|---|
| 种类 | 5 | | 株数 | 8 | 尺寸 | 长:200　宽:200　高:160 |

| 1 | 2 | 3 | 4 | 5 | 6 | 7 | 8 | 9 | 10 | 11 | 12 |
|---|---|---|---|---|---|---|---|---|---|---|---|

立体

**核心花材**

① ②

⑨

**核心叶材**

③ ④

**俯视结构图**

**植物清单**

① 大丽花 ⑥ 辣椒'迷你樱桃'
　'低吟古铜' ⑦ 麻兰
② 菊花 ⑧ 鼠尾草'月光下'
③ 臭叶木 ⑨ 百日菊'缤纷杏'
　'晚霞渐淡' ⑩ 佩兰
④ 枫叶天竺葵 ⑪ 龙面花
⑤ 蔓越莓 ⑫ 银叶柠檬百里香

*calm yellow*

# 充满韵味的
# 秋季专属盆栽组合

以较为深邃的黄色花材打底，辅以部分橘色和红色的花叶，让作品染上秋日的韵味。另外，蔓越莓和辣椒等果实的加入，还营造出了秋天丰收的气氛。

**数据**

| 难度 | ☆ ☆ ☆ ☆ |
| 材质 | 镀锡 |
| 种类 | 12 | 株数 | 12 |
| 尺寸 | 长 :330　宽 :240　高 :220 |

| 1 | 2 | 3 | 4 | 5 | 6 | 7 | 8 | 9 | 10 | 11 | 12 |

**要点**

铜色枝叶的大丽花和柠檬绿色的鼠尾草，即使不在花期，也能作为彩叶植物为作品添彩。

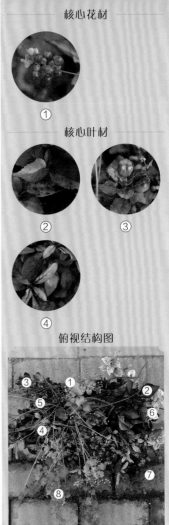

核心花材

①

核心叶材

②　③

④

俯视结构图

③　①　②　⑥

⑤

④

⑦

⑧

**植物清单**

① 数珠珊瑚
② 彩叶红桑
③ 臭叶木'咖啡'
④ 莲子草'变色龙'
⑤ 薹草
⑥ 络石
⑦ 干叶兰'黑桃'
⑧ 高山悬钩子

*quaint pink*

# 用彩叶和果实打造的
# 色彩鲜艳的秋日盆栽

混合

此组合盆栽没有使用任何花，仅用果实和彩叶就做出了别致又华丽的作品。在古铜色、粉色等颜色丰富的彩叶之间，数珠珊瑚可爱的玫红色果实悄悄露出小脑袋。下垂的高山悬钩子随着天气转凉会逐渐变红。

**数据**

| 难度 | ☆ ☆ ☆ ☆ ☆ |
|---|---|
| 材质 | 陶 |
| 种类 | 8　株数　12 |
| 尺寸 | 长:330　宽:205　高:170 |

| 1 | 2 | 3 | 4 | 5 | 6 | 7 | 8 | 9 | 10 | 11 | 12 |
|---|---|---|---|---|---|---|---|---|---|---|---|

**要点**

此作品基本不需要维护，但如果在高温时期种植，需要适当修剪生长过快的枝叶。

*fresh pink*

# 用多彩的波斯菊
# 点亮秋日光彩

这是一件波斯菊'古典'的群植作品。植株间数珠珊瑚的果实和波斯菊的花蕾探头探脑，甚是可爱。作品的强调色由枪刀药负责，而柔化整体气氛的任务则交给了莲子草。

**俯视结构图**

**植物清单**
① 波斯菊'古典'
② 数珠珊瑚
③ 莲子草'大理石女王'
④ 常春藤'天使之翼'
⑤ 枪刀药

**数据**

| 难度 | ☆☆☆ | 材质 | 陶 | | |
|---|---|---|---|---|---|
| 种类 | 5 | 株数 | 10 | 尺寸 长:350 | 宽:350 高:350 |

| 1 | 2 | 3 | 4 | 5 | 6 | 7 | 8 | 9 | 10 | 11 | 12 |

---

*quaint purple*

# 用深色植物
# 编织的优雅世界

立体

此作品集中使用了紫色系和蓝色系的植物，用紫色的彩叶来突出重点。整体色调较深，却不失华丽。黑色沿阶草的加入使得紫色的花叶更加显眼。

**俯视结构图**

**植物清单**
① 紫背三叶蔓荆
② 过路黄'午夜阳光'
③ 斑叶金鱼草
④ 扁萼沿阶草'紫黑'
⑤ 白棠子树
⑥ 龙面花'深蓝'
⑦ 迷迭香
⑧ 红背耳叶马蓝
⑨ 紫茎泽兰'巧克力'
⑩ 鼠尾草'紫色贵公子'
⑪ 薰衣草'圣蒂维亚'
⑫ 常春藤'光辉'

**数据**

| 难度 | ☆☆☆☆☆ | 材质 | 镀锡 | | |
|---|---|---|---|---|---|
| 种类 | 12 | 株数 | 13 | 尺寸 长:390 | 宽:280 高:280 |

| 1 | 2 | 3 | 4 | 5 | 6 | 7 | 8 | 9 | 10 | 11 | 12 |

39

# 夏秋季节的人气植物

夏秋时节，温度依旧居高不下，植物生长也很旺盛。在夏天制作组合盆栽，最好选择耐高温、耐强光的植物。秋意渐浓后，花叶的颜色会变得更加艳丽。

## 菊花

○ ◐ ∿

**形态**：直立生长 / 团簇生长
**分类**：菊科多年生草本
**特征**：植株上下能开出大量花朵，十分容易栽培。品种和色彩都很丰富。第二年之后植株会长大，单独种植观赏更佳。

| 1 | 2 | 3 | 4 | 5 | 6 | 7 | 8 | 9 | 10 | 11 | 12 |

## 波斯菊

∿

**形态**：直立生长
**分类**：菊科一年生草本
**特征**：秋天的代表性植物。有些品种在初夏就会开花。梅雨季到入夏期间需要特别注意白粉病的防治。

| 1 | 2 | 3 | 4 | 5 | 6 | 7 | 8 | 9 | 10 | 11 | 12 |

※6—8月需控制种植数量。

## 百日菊

**形态**：直立生长 / 团簇生长
**分类**：菊科一年生草本
**特征**：能从春天绽放到秋天。高温时期植株容易生长过快，需要适当修剪。小花型的'三分地'，还有中等花型的'缤纷杏''扎哈'等品种都很有人气。

| 1 | 2 | 3 | 4 | 5 | 6 | 7 | 8 | 9 | 10 | 11 | 12 |

## 数珠珊瑚

∿

**形态**：直立生长 / 团簇生长
**分类**：蒜香草科多年生草本
**特征**：春天会开出小花，到了秋天，根据品种不同，会结出红色、粉色、黄色等不同颜色的果实。喜湿，注意持续补充水分。

| 1 | 2 | 3 | 4 | 5 | 6 | 7 | 8 | 9 | 10 | 11 | 12 |

## 金英

∿

**形态**：直立生长 / 团簇生长
**分类**：金虎尾科灌木
**特征**：花期较长，从初夏一直到秋天。金黄色的小花十分适合秋天，红叶也值得观赏。还有藤蔓类的品种。

| 1 | 2 | 3 | 4 | 5 | 6 | 7 | 8 | 9 | 10 | 11 | 12 |

## 紫茎泽兰

**形态**：直立生长
**分类**：菊科多年生草本
**特征**：有绿叶配青、白两种花色的品种，也有铜色叶配白花的品种，如'巧克力'。不管哪种都是习性强健的多年生草本，每年都能赏玩。

| 1 | 2 | 3 | 4 | 5 | 6 | 7 | 8 | 9 | 10 | 11 | 12 |

## 青葙

∿

**形态**：直立生长
**分类**：苋科一年生草本
**特征**：花色从柔和的粉色到热烈的红色都有，十分丰富。每个品种的花期都很长，可以长期观赏。有些品种的叶片略微偏红，显得典雅有格调。

| 1 | 2 | 3 | 4 | 5 | 6 | 7 | 8 | 9 | 10 | 11 | 12 |

## 大丽花

∿

**形态**：直立生长 / 团簇生长
**分类**：菊科多年生草本
**特征**：在春季和秋季开出层层叠叠大朵花的多年生草本植物。高温时期需要注意白粉病的防治。浅褐色叶片的品种特别适合制作秋日主题的盆栽。

| 1 | 2 | 3 | 4 | 5 | 6 | 7 | 8 | 9 | 10 | 11 | 12 |

## 素馨

ᨃ

**形态**：直立生长
**分类**：木樨科多年生草本
**特征**：从春至秋都能观赏。纯白的花朵十分优美，柔软伸展的枝条在勾勒组合盆栽的线条时能起到重要作用。

| 1 | 2 | 3 | 4 | 5 | 6 | 7 | 8 | 9 | 10 | 11 | 12 |

## 枫叶天竺葵

**形态**：团簇生长
**分类**：牻牛儿苗科多年生草本
**特征**：入秋后，叶片会像枫叶一样染上红色。花朵的颜色有红色和粉色。和普通的天竺葵一样，置于干燥的环境中管理即可。

| 1 | 2 | 3 | 4 | 5 | 6 | 7 | 8 | 9 | 10 | 11 | 12 |

※6—9月需控制种植数量。

## 斑叶辣椒

**形态**：团簇生长
**分类**：茄科多年生草本（也有一年生的品种）
**特征**：观赏用辣椒的杂色品种，从春天到秋天都能结出小巧可爱的果实。耐热，可以长期观赏。

| 1 | 2 | 3 | 4 | 5 | 6 | 7 | 8 | 9 | 10 | 11 | 12 |

## 火焰狼尾草

**形态**：直立生长
**分类**：禾本科多年生草本
**特征**：凭借古铜色的叶片和同色系的花穗，成为秋季组合盆栽中极具人气的植物。从春季到秋季皆可观赏，但是高温时期生长过快，容易显得凌乱，需要进行修剪。

| 1 | 2 | 3 | 4 | 5 | 6 | 7 | 8 | 9 | 10 | 11 | 12 |

## 五彩苏

ᨃ

**形态**：直立生长 / 团簇生长 / 横向生长
**分类**：唇形科一年生草本
**特征**：拥有丰富颜色和形状的彩叶植物。其中小叶品种更适合用来制作组合盆栽。

| 1 | 2 | 3 | 4 | 5 | 6 | 7 | 8 | 9 | 10 | 11 | 12 |

## 彩叶红桑

ᨃ

**形态**：直立生长 / 团簇生长
**分类**：大戟科灌木
**特征**：有着褐色之中混杂了其他颜色的叶片，长出花穗后更有秋天的氛围。不耐寒，冬季可放在室内的窗边进行养护。

| 1 | 2 | 3 | 4 | 5 | 6 | 7 | 8 | 9 | 10 | 11 | 12 |

（12月—次年3月在室内养护）

## 紫背三叶蔓荆

**形态**：直立生长
**分类**：马鞭草科落叶灌木
**特征**：优雅动人的彩叶植物，叶片微卷时，会露出紫色的背面。花朵呈浅紫色，同样十分美丽。栽培也非常容易。

| 1 | 2 | 3 | 4 | 5 | 6 | 7 | 8 | 9 | 10 | 11 | 12 |

## 红背耳叶马蓝

**形态**：直立生长
**分类**：爵床科常绿灌木
**特征**：大片的叶片泛着紫色的光泽，是十分受欢迎的组合盆栽素材。高温时期生长旺盛，需要把过长的枝条剪除。不耐寒。

| 1 | 2 | 3 | 4 | 5 | 6 | 7 | 8 | 9 | 10 | 11 | 12 |

## 高山悬钩子

◐ ᨃ

**形态**：横向生长
**分类**：蔷薇科常绿灌木
**特征**：叶片较厚，摸上去有磨砂感，看起来别致清新。入秋后叶片变红，可作为红叶观赏。需要注意补水。

| 1 | 2 | 3 | 4 | 5 | 6 | 7 | 8 | 9 | 10 | 11 | 12 |

# 组合盆栽的管理

## 摘除枯花

花朵枯萎后放置不管的话，会妨碍后续的花开，同时也容易引发霉变或其他病害，所以要尽快将枯萎的花朵摘除。修剪时连花带茎一起剪除即可，如果茎叶上还有其他花，就从下一朵花或者花蕾上方剪除。

香堇菜之类花茎易断的植物，摘除时需要用手指抵住根部，防止连茎带根整株拔出。

木茼蒿之类的茎叶是纤维质地的，不易摘除，宜用剪刀剪除。

## 摘除枯叶

除了植物老化，日照不足、环境湿度过大、浇水过多、缺水、缺肥，以及通风不足等，都会导致叶片枯萎，从而引发霉变或其他病害，因此须尽快摘除枯叶。

发黄的枯叶，从根部摘除。

大片的叶片重合时，下方的叶片容易因受潮而发黄。另外，天气寒冷等外在因素也会导致叶片发黄。

---

## 专栏

### ※ 控制浇水量

从某种意义上说，植物的根在干燥的环境中会为了充分摄入水分而生长发育。根发育得好，整个植株才能发育得好。如果浇水的频率过高，根部就缺乏干燥的环境。

对于组合盆栽来说，一个花盆里种植了多种植物，水分本就不易蒸发，就更需要进行干燥管理了。

浇水时要慢慢浇，避免水直接浇到花和叶片上，同时要注意防止泥土的流失，以及别让泥土溅到植株上。

---

## 专栏

### ※ 植物的正面

每种植物在不同时期，都有最适合观赏的角度，我们称其为正面。把每种植物的正面都朝向同一方向，就形成了组合盆栽的正面。

草花类植物的正面会根据日照方向而变换，而生长缓慢的花木类植物，枝叶的正面则不会轻易改变。因此在创作组合盆栽时，确定作品的正面至关重要。

花苗的正面

花苗的背面

这是一件以红色系为基调，配色别致、能长时间观赏的小型组合盆栽作品。

# Chapter *3*
# 秋去冬至的组合盆栽专题

## 这是组合盆栽乐趣满载的时期

由秋入冬后，环境的温度和湿度都会下降，植物受潮和生长过快的情况会减轻，这一时期可以说也极为适合享受组合盆栽的乐趣。

同时，这一时期的植物种类也非常丰富。有三色堇、香堇菜、羽衣甘蓝等草花类植物，还有欧石南、柳南香等花木类植物……各种各样的人气植物纷纷上市，可以制作异彩纷呈的组合盆栽作品。

值得注意的是，气温较高时种植的植物，植株形态会有一定程度的变化；降温后种下的植物，则能长时间保持种植时的形态。

# 秋冬季节组合盆栽精彩案例

核心花材

① ②

③

核心叶材

④ ⑤

俯视结构图

**植物清单**

① 紫罗兰'复古海滩'
② 紫罗兰'复古铜'
③ 柳南香'粉白'
④ 红棕薹草
⑤ 千叶兰'霓虹'
⑥ 素馨'白色公主'

*calm pink & white*

## 温柔素雅的花朵
## 在花盆中集中展现

平面

这是一件色调淡雅的组合盆栽作品。花盆中央种植着较高的柳南香，四周用紫罗兰包围。为了体现柔和的感觉，选择了银叶紫罗兰。而'复古铜'这一颜色较浓的紫罗兰只用了一株，以突出色彩层次。另外，柳南香之间还夹杂了素馨，更强调了轻柔的感觉。

**数据**

| 难度 | ☆ ☆ ☆ |
| --- | --- |
| 材质 | 陶 |
| 种类 | 6　　株数　9 |
| 尺寸 | 长:300　宽:300　高:180 |

| 1 | 2 | 3 | 4 | 5 | 6 | 7 | 8 | 9 | 10 | 11 | 12 |
| --- | --- | --- | --- | --- | --- | --- | --- | --- | --- | --- | --- |

**要点**

紫罗兰花谢后，可从下一朵花蕾的上方将枯萎的花摘除。

**植物清单**
① 黄金菊
② 金雀花
③ 红脉酸模
④ 过路黄
⑤ 小蔓长春花
⑥ 银叶柠檬百里香

*bright yellow*

# 做旧风格的花盆中
# 明黄色花朵极为亮眼

平面

**数据**

| | |
|---|---|
| 难度 | ☆ ☆ ☆ ☆ |
| 材质 | 镀锡 |
| 种类 | 6 |  株数 | 12 |
| 尺寸 | 长 :240  宽 :240  高 :250 |

| 1 | 2 | 3 | 4 | 5 | 6 | 7 | 8 | 9 | 10 | 11 | 12 |

从秋天一直开到第二年春天的明黄色的黄金菊是这件群植盆栽作品的主角。底部种植的红脉酸模叶片上有着亮眼的红色脉络。金雀花在植株间伸出轻柔的枝条，软化了盆器和黄金菊生硬的形象。其他彩叶植物选用了黄色系和奶油色系的，强调了明媚的感觉。

## 要点

黄金菊常被用作地被植物，是习性强健的多年生草本植物，但在特定的时期也能作为盆栽观赏。

## 核心花材

①

②

③

## 核心叶材

④

⑤

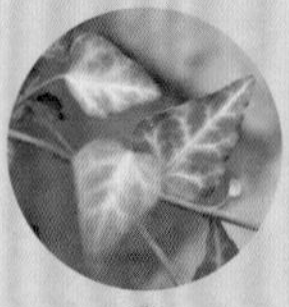
⑥

## 俯视结构图

**植物清单**

① 三色堇
② 香堇菜
③ 香雪球
④ 白车轴草
⑤ 小叶猥莓‘紫地毯’
⑥ 常春藤

*refined pink*

# 在秋去冬至时
# 感受色彩的碰撞

平面

暖色系花色的香堇菜和鲜艳的玫瑰红色迷你三色堇组合在一起，在视觉上形成了对比。一部分彩叶选用了紫色系的小叶植物，让三色堇和香堇菜的颜色更显层次感。为了让这份层次感更加自然，搭配了整体绿色、叶脉呈银白色的常春藤。

**数据**

难度 ☆☆☆
材质 镀锡
种类 6　株数 12
尺寸 长:270　宽:160　高:110

1 2 3 4 5 6 7 8 9 10 11 12

**要点**

白车轴草的枝叶蜿蜒于其他植物之间，更有自然的感觉。

*fresh pink*

## 用粉嫩的小花
## 装点寒冷冬日

立体

此作品选用了淡紫色及粉色的小花，给人清爽干净的印象。还加入了冬天叶片会变为明黄色的欧石南，提亮了整体的色调。

俯视结构图

**植物清单**
① 香堇菜
② 仙客来‘昔风’
③ 欧石南‘瓦莱丽·格里菲斯’
④ 小叶猬莓‘紫地毯’
⑤ 蓝盆花
⑥ 香雪球

**数据**

| 难度 | ☆☆☆ | | 材质 | 玻璃钢 | | | |
|---|---|---|---|---|---|---|---|
| 种类 | 6 | 株数 | 7（6） | 尺寸 | 长:240 | 宽:240 | 高:130 |

| 1 | 2 | 3 | 4 | 5 | 6 | 7 | 8 | 9 | 10 | 11 | 12 |

*refined white*

## 汇集了纯白花朵的
## 白色城堡花园

立体

这是一件由雪白剔透的花和银白色的叶片打造出的重现冬季山野景观的盆栽作品。在清新的蓝色花器的衬托下，纯白的花朵更加清纯动人。黑药欧石南在冬天花期很久，可以长时间观赏。

俯视结构图

**植物清单**
① 黑药欧石南‘透白’
② 仙客来
③ 鳞叶菊
④ 常春藤‘塞浦路斯’
⑤ 短舌匹菊
⑥ 屈曲花‘新娘捧花’
⑦ 紫罗兰‘复古白’
⑧ 香雪球

**数据**

| 难度 | ☆☆☆ | | 材质 | 陶 | | | |
|---|---|---|---|---|---|---|---|
| 种类 | 8 | 株数 | 9 | 尺寸 | 长:180 | 宽:180 | 高:200 |

| | 2 | 3 | 4 | 5 | 6 | 7 | 8 | 9 | 10 | 11 | 12 |

*vivid yellow & red*

## 色彩鲜明的花朵形成对比，
## 与复古风的花器相映成趣 平面

　　红色的镀锡花器和同样是红色的彩叶把红、黄混合的香堇菜衬托得明艳耀眼。由于颜色普遍较深，所以选用了斑叶百里香和古铜色的薹草来提升整体亮度。

### 俯视结构图

**植物清单**
① 香堇菜'耀眼阳光'
② 矾根
③ 红菊苣
④ 百里香'福克斯莱'
⑤ 薹草
⑥ 龙血景天'小球玫瑰'
⑦ 白景天'红毯'

### 数据

| 难度 | ☆☆☆ | | 材质 | 镀锡 | | |
|---|---|---|---|---|---|---|
| 种类 | 7 | 株数 | 10（9） | 尺寸 | 长：198 | 宽：137　高：137 |

| 1 | 2 | 3 | 4 | 5 | 6 | 7 | 8 | 9 | 10 | 11 | 12 |
|---|---|---|---|---|---|---|---|---|---|---|---|

---

*calm blue*

## 清新典雅的
## 蓝色系组合盆栽 立体

　　清爽的蓝色花盆中，色彩鲜明的香堇菜和同色系的羽叶薰衣草十分上镜。再搭配紫色、棕色的彩叶，既新潮又有品位。此处的婆婆纳也作为彩叶使用。

### 俯视结构图

**植物清单**
① 香堇菜'清澈海洋'
② 羽叶薰衣草
③ 紫罗兰'复古薰衣草'
④ 婆婆纳'格雷丝'
⑤ 矾根'上海'
⑥ 甜菜'公牛血'
⑦ 红棕薹草
⑧ 杂色迷南苏

### 数据

| 难度 | ☆☆☆☆ | | 材质 | 陶 | | |
|---|---|---|---|---|---|---|
| 种类 | 8 | 株数 | 9 | 尺寸 | 长：300 | 宽：260　高：190 |

| 1 | 2 | 3 | 4 | 5 | 6 | 7 | 8 | 9 | 10 | 11 | 12 |
|---|---|---|---|---|---|---|---|---|---|---|---|

核心花材

①

核心叶材

②　　　　　⑦

俯视结构图

**植物清单**
① 三色堇'百香果'
② 黄金香柳'山火'
③ 斑叶木藜芦
④ 千叶兰'霓虹'
⑤ 红棕薹草
⑥ 臭叶木'巧克力战士'
⑦ 木藜芦
⑧ 络石

*quaint brown*

# 复古风铁质花篮里的
# 棕色系植物大集合

立体

为了契合铁质花篮的复古感，特地选择了大量气质沉稳的红色与棕色的植物，低调奢华感尽显。深红色的木藜芦既能作为打底，又让作品整体多了几分生动。

**数据**

| 难度 | ☆☆★☆☆ | | |
|---|---|---|---|
| 材质 | 铁 | | |
| 种类 | 8 | 株数 | 15 |
| 尺寸 | 长 :280 | 宽 :260 | 高 :180 |

| 1 | 2 | 3 | 4 | 5 | 6 | 7 | 8 | 9 | 10 | 11 | 12 |
|---|---|---|---|---|---|---|---|---|---|---|---|

**要点**

网状镂空的容器需要用棕榈丝或者麻布等材料打底，以防止泥土流失。

核心花材

① ②

核心叶材

③ ④

俯视结构图

**植物清单**
① 仙客来'贝利西马'
② 丽果木
③ 百脉根
④ 常春藤'光辉'

*refined white*

## 独特的复古花笼里
## 纯白色仙客来肆意绽放

平面

将形似鸟笼的镀锡容器底部开洞后作为花器使用，把包括主角仙客来在内的所有植物混合种植其中。植物统一选用了白色和银色的品种。百脉根和丽果木的枝叶伸出笼外，更显自然。

**数据**

| 难度 | ☆☆☆☆☆ | | |
|---|---|---|---|
| 材质 | 镀锡 | | |
| 种类 | 4 | 株数 | 13 |
| 尺寸 | 长:330 | 宽:330 | 高:300 |

| 1 | 2 | 3 | 4 | 5 | 6 | 7 | 8 | 9 | 10 | 11 | 12 |
|---|---|---|---|---|---|---|---|---|---|---|---|

**要点**

使用网格较大的笼子状容器时，推荐种植一些容易从笼子中伸展出枝叶的植物。

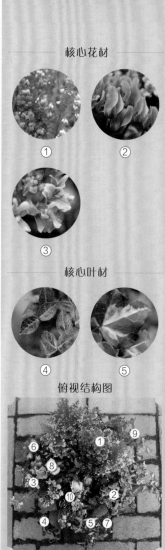

**植物清单**

| ① 黑药欧石南 | ⑥ 金鱼草'双子星' |
| （混合种植） | ⑦ 头花蓼 |
| ② 仙客来 | ⑧ 迷你玫瑰 |
| ③ 斑叶龙面花 | ⑨ 舞凤花 |
| ④ 络石 | ⑩ 报春花'巧克力' |
| ⑤ 金心常春藤 | |

*quaint pink*

# 粉色与白色小花
# 在花盆中随风而舞

立体

此作品使用了粉色和白色的黑药欧石南作为华丽饱满的主体，再用迷你玫瑰和仙客来增加层次感，以斑叶龙面花柔化和提亮整体氛围。底部红棕色的报春花和红叶络石丰富了整体的色彩。

**数据**

| 难度 | ☆ ☆ ☆ ☆ |
| 材质 | 陶 |
| 种类 | 10 | 株数 | 14 |
| 尺寸 | 长 :350 | 宽 :350 | 高 :350 |

| 1 | 2 | 3 | 4 | 5 | 6 | 7 | 8 | 9 | 10 | 11 | 12 |

**要点**

同色系的花材中点缀些许不同色系
但搭配合适的花材，可以加深作品的层
次感。

## *calm beige*
## 粉色和米色编织的
## 温柔优雅组合

立体

　　此作品使用了粉色系和米色系的花材，给人温柔娴静的印象。白色羽衣甘蓝的加入，使得这个作品非常适合作为点缀冬日的季节性组合盆栽作品来观赏。

### 俯视结构图

### 植物清单

① 黑药欧石南
② 龙面花
③ 柊树‘斑叶’
④ 矾根‘点石成金’
⑤ 帚石南‘花园少女’
⑥ 羽衣甘蓝
⑦ 金鱼草‘双子星’
⑧ 香雪球
⑨ 三色堇
⑩ 欧石南‘达尔利’

### 数据

| 难度 | ☆☆☆ | | 材质 | 陶 | | | | | | |
|---|---|---|---|---|---|---|---|---|---|---|
| 种类 | 10 | | 株数 | 10 | | 尺寸 | 长:270 | 宽:270 | 高:160 | |

| 1 | 2 | 3 | 4 | 5 | 6 | 7 | 8 | 9 | 10 | 11 | 12 |
|---|---|---|---|---|---|---|---|---|---|---|---|

## *fresh purple & green*
## 仅用绿色和紫色彩叶
## 打造的清新盆栽作品

平面

　　颜色浅淡的羽衣甘蓝搭配显眼的紫色羽衣甘蓝和柠檬绿色的矾根，显得十分清新。常春藤‘茸茸’独特的微卷叶片从花盆里伸展出来，增加了轻快感。

### 俯视结构图

### 植物清单

① 羽衣甘蓝（切叶）
② 羽衣甘蓝‘紫山’
③ 矾根‘柠檬鸡尾酒’
④ 具刺非洲天门冬
⑤ 常春藤‘茸茸’
⑥ 亮叶忍冬‘黎明女神’

### 数据

| 难度 | ☆☆☆☆☆ | | 材质 | 陶 | | | | | | |
|---|---|---|---|---|---|---|---|---|---|---|
| 种类 | 6 | | 株数 | 17 | | 尺寸 | 长:330 | 宽:330 | 高:310 | |

| 1 | 2 | 3 | 4 | 5 | 6 | 7 | 8 | 9 | 10 | 11 | 12 |
|---|---|---|---|---|---|---|---|---|---|---|---|

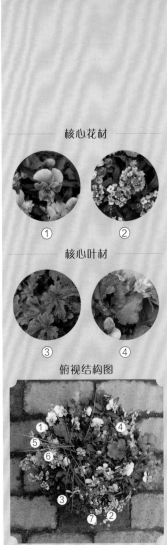

核心花材

① ②

核心叶材

③ ④

俯视结构图

**植物清单**

① 香堇菜'水色柑橘'
② 香雪球
③ 矾根'快乐旅行'
④ 矾根'点石成金'
⑤ 红棕薹草
⑥ 硬毛百脉根
⑦ 千叶兰'霓虹'

*quaint orange*

# 在棕色系的沉静氛围中
# 添一笔柔和的橘色

平面

香堇菜'水色柑橘'花朵中心呈浅浅的橘色，为了突出橘色的柔和，四周搭配了浅棕色的彩叶和小花。花盆也选用了自然风格的棕色系容器，打造出一件气质沉静的作品。

**数据**

| 难度 | ☆ ☆ ☆ ☆ | |
|---|---|---|
| 材质 | 陶 | |
| 种类 | 7 | 株数 15（13） |
| 尺寸 | 长：270 宽：270 高：130 | |

| 1 | 2 | 3 | 4 | 5 | 6 | 7 | 8 | 9 | 10 | 11 | 12 |
|---|---|---|---|---|---|---|---|---|---|---|---|

**要点**

彩色的矾根作为打底分散布置在 3 处，其中一株特意选取颜色较深的品种，让整体色彩更具层次感。

# 秋冬季节的人气植物

随着秋色渐浓，许多能持续观赏到次年春天的植物陆续登场了。用它们来制作组合盆栽，通常不需要大幅度修剪，盆栽也能维持半年的完美形态。

## 香堇菜

○ ◎ ∿

**形态**：团簇生长
**分类**：堇菜科多年生草本
**特征**：冬季组合盆栽的常用素材。花的颜色、形状、大小都很丰富。耐寒，可以从秋天观赏到次年春天。

| 1 | 2 | 3 | 4 | 5 | 6 | 7 | 8 | 9 | 10 | 11 | 12 |

## 黄金香柳 '红宝石'

∿

**形态**：直立生长
**分类**：桃金娘科常绿小乔木
**特征**：温度下降后叶片会变得鲜红。虽然最终会长成高大的乔木，但从秋天到次年春天，作为组合盆栽种植时，不会发生太大变化。根部比较脆弱，需要注意。

| 1 | 2 | 3 | 4 | 5 | 6 | 7 | 8 | 9 | 10 | 11 | 12 |

※5—8月需控制种植数量。

## 仙客来

○ ◎ ∿

**形态**：团簇生长
**分类**：报春花科多年生草本
**特征**：花期很长，耐寒，怕热，能运用在各种题材的作品中。最近荷叶边的品种热度很高。

| 1 | 2 | 3 | 4 | 5 | 6 | 7 | 8 | 9 | 10 | 11 | 12 |

## 紫罗兰

∿

**形态**：直立生长
**分类**：十字花科多年生草本
**特征**：跟绿叶品种相比，浅银色叶片的品种花色多为淡粉色、米色、淡紫色等，花色十分丰富。耐寒，可以观赏到次年春天。

| 1 | 2 | 3 | 4 | 5 | 6 | 7 | 8 | 9 | 10 | 11 | 12 |

## 柳南香

∿

**形态**：直立生长
**分类**：芸香科常绿灌木
**特征**：四季都能开出星形的可爱小花。有一定高度，枝条生长易凌乱，适合用来打造层次感。

| 1 | 2 | 3 | 4 | 5 | 6 | 7 | 8 | 9 | 10 | 11 | 12 |

## 帚石南

**形态**：团簇生长
**分类**：杜鹃花科常绿小灌木
**特征**：是欧石南的近亲。市面上流通的多为秋天开花的品种。虽然不会连续开花，但入秋之后花期都很持久。

| 1 | 2 | 3 | 4 | 5 | 6 | 7 | 8 | 9 | 10 | 11 | 12 |

## 百脉根

**形态**：直立生长／横向生长
**分类**：豆科多年生草本
**特征**：叶片泛银色，枝条柔软，可以种在其他植物之间，形成从缝隙中生长出枝条的效果。

| 1 | 2 | 3 | 4 | 5 | 6 | 7 | 8 | 9 | 10 | 11 | 12 |

## 香雪球

◎

**形态**：横向生长
**分类**：十字花科多年生草本，常作一年生植物栽培
**特征**：冬季组合盆栽中的著名配角。耐寒，可以观赏到次年春天。花色丰富，跟任何植物都很般配。

| 1 | 2 | 3 | 4 | 5 | 6 | 7 | 8 | 9 | 10 | 11 | 12 |

## 红棕薹草

〰

**形态**：直立生长
**分类**：莎草科多年生草本
**特征**：叶色繁多，有绿色、黄色、棕色等。红棕薹草棕色的叶片带着一丝艳丽，不管用在什么风格的组合盆栽中都很合适。

| 1 | 2 | 3 | 4 | 5 | 6 | 7 | 8 | 9 | 10 | 11 | 12 |

（夏季会生长过大）

## 斑叶金鱼草

〰

**形态**：直立生长 / 团簇生长
**分类**：车前科一年生草本
**特征**：金鱼草的花朵在春天和秋天可供观赏。冬季金鱼草可作为彩叶使用，铜色的叶片带着美丽的斑纹，十分雅致，是组合盆栽中的绝美边衬。

| 1 | 2 | 3 | 4 | 5 | 6 | 7 | 8 | 9 | 10 | 11 | 12 |

## 千叶兰'霓虹'

○ 〰

**形态**：横向生长
**分类**：蓼科常绿藤本
**特征**：千叶兰的杂色品种。棕色斑纹既适用于典雅的气氛，也能用在新潮的作品里。叶片在高温时期容易褪色，所以推荐在秋天到次年春天使用。

| 1 | 2 | 3 | 4 | 5 | 6 | 7 | 8 | 9 | 10 | 11 | 12 |

## 鳞叶菊

○ 〰

**形态**：团簇生长 / 横向生长
**分类**：菊科常绿灌木
**特征**：叶片银色，泛有光泽，耐寒易培植。高温时期枝条形态容易凌乱，推荐在秋天到次年春天种植。

| 1 | 2 | 3 | 4 | 5 | 6 | 7 | 8 | 9 | 10 | 11 | 12 |

## 短舌匹菊

○ 〰

**形态**：团簇生长
**分类**：菊科多年生草本
**特征**：一般在春天到初夏开花，但秋、冬也有开花株出售。晚秋以后花期非常持久，可以长期观赏。

| 1 | 2 | 3 | 4 | 5 | 6 | 7 | 8 | 9 | 10 | 11 | 12 |

## 百里香'福克斯莱'

○

**形态**：横向生长
**分类**：唇形科常绿半灌木
**特征**：非常容易种植的彩叶植物。入秋之后，叶片上的斑纹愈发明显，受低温影响会染上粉红色。高温时期斑纹很浅，且生长较快，植株容易显得凌乱。

| 1 | 2 | 3 | 4 | 5 | 6 | 7 | 8 | 9 | 10 | 11 | 12 |

## 木藜芦

〰

**形态**：直立生长 / 横向生长
**分类**：杜鹃花科常绿灌木
**特征**：在花坛里也非常常见的强健植物。秋天叶片会变成深红色。还有带斑纹的品种。

| 1 | 2 | 3 | 4 | 5 | 6 | 7 | 8 | 9 | 10 | 11 | 12 |

※5—9月需控制种植数量。

## 白车轴草

○ 〰

**形态**：横向生长
**分类**：豆科多年生草本
**特征**：有棕色、红色、粉色等各种叶色。一旦挂霜了容易烂叶，所以冬天需要放在屋檐下或室内进行管理。

| 1 | 2 | 3 | 4 | 5 | 6 | 7 | 8 | 9 | 10 | 11 | 12 |

※6—8月需控制种植数量。

## 小叶猬莓'紫地毯'

**形态**：横向生长
**分类**：蔷薇科多年生草本
**特征**：叶片非常纤细。不太喜热，但十分耐寒。紫色的叶片颜色鲜明，适合作为组合盆栽的重点色。

| 1 | 2 | 3 | 4 | 5 | 6 | 7 | 8 | 9 | 10 | 11 | 12 |

# 用室内绿植装扮露天花园

　　春天到秋天这段时期温度较高，一些常用作室内观赏的植物也能作为室外的组合盆栽素材使用。搭配得当的话，还能感受到异国情调。

　　但是，如果植物本身不适应室外的环境，或者原本在阴凉处种植却突然遭遇夏天的强光，这种环境的突变可能导致植物枯萎，因此需要十分小心。

色彩鲜艳的各种尖蕊秋海棠，还有美丽的草胡椒、冷水花等，放置在室外半阴处，让原本阴暗的角落明亮生动了起来。

用吊篮把叶片颜色、大小都不同的两种冷水花组合起来。小叶的灰绿色冷水花生长很快，枝条能优美地垂下。

龟背竹叶片上有一个个的洞，形态独特，下方搭配翠绿的绿萝和大叶片的网纹草。鲜艳的橘色花盆和绿色植物形成对比，美不胜收。

这是一件由充满南国风情的万年青和龙血树做成的热带风格作品。在深绿色的垂叶榕和龙血树'太阳神'的衬托下，带花纹的叶片更加吸睛。

鲜艳的骨子菊争相绽放，告诉人们春天已悄然而至。

# Chapter 4
# 冬去春来的组合盆栽专题

## 这是打造别样组合盆栽的时期

寒冬腊月，许多植物进入了休眠期，因而常被认为是不适合进行园艺活动的时期。其实，这一时期市面上有很多种类的植物登场，只要多花心思，甚至能得到超越其他季节的乐趣。

和气温相对较高的秋季相比，冬季植物生长缓慢很多，但花期会更长，只要注意施肥和摆放的位置，不让植物挂霜，就能长时间观赏。

尤其最近几年，很多原本在春天或初夏开花的植物通过人工提高温度的方式提早开了花，进入了市场。如果能巧用这类植物，就能早早感受到春天的气息。

# 冬春季节组合盆栽精彩案例

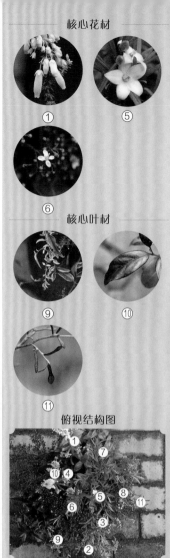

① ⑤

⑥

核心叶材

⑨ ⑩

⑪

俯视结构图

**植物清单**

| | |
|---|---|
| ① 欧石南 | ⑤ 柳南香 |
|   '艾伯蒂尼亚' | ⑥ 茵芋'卢贝拉' |
| ② 黑药欧石南 | ⑦ 地中海荚蒾 |
|   '深红' | ⑧ 黄金香柳'山火' |
| ③ 欧石南'达尔利' | ⑨ 多花素馨'银河' |
| ④ 松红梅 | ⑩ 木藜芦 |
| | ⑪ 铁丝网灌木 |

*calm pink & white*

## 以花木为主的
## 别具一格的组合盆栽

立体

这件由木本类植物制作的组合盆栽中，每种植材的叶色、形状、大小、质感各不相同。花的数量虽少，但纤细的植材更显现出了纵深感。就像山野中的树木会随着季节变化一般，此作品中花材的变化也值得一品。

**数据**

| | |
|---|---|
| 难度 | ☆ ☆ ☆ ☆ ☆ |
| 材质 | 玻璃钢 |
| 种类 11 | 株数 12 |
| 尺寸 | 长:280 宽:280 高:280 |

| 1 | 2 | 3 | 4 | 5 | 6 | 7 | 8 | 9 | 10 | 11 | 12 |
|---|---|---|---|---|---|---|---|---|---|---|---|

### 要点

此作品由木本类植物构成，所以形状不容易凌乱，维护保养只需要将欧石南等植材的枯花摘除即可。

*quaint blue*

# 以蓝色、银色为主的
# 时尚组合盆栽

此作品的主题色是蓝色与银灰色。选择了香堇菜和薰衣草，并搭配了银灰色系的彩叶来体现色彩的强弱。选用的西班牙薰衣草是低矮的品种，能恰到好处地制造高低差。

### 俯视结构图

### 植物清单

① 香堇菜'情人节天空'
② 地被婆婆纳'蓝乔治'
③ 龙面花
④ 斑叶南庭荠'青金石'
⑤ 西班牙薰衣草'棉帽'
⑥ 矾根'好莱坞'
⑦ 百脉根
⑧ 野芝麻'白南茜'
⑨ 牛至'霓虹灯'

### 数据

| 难度 | ☆☆☆☆ | | 材质 | 镀锡 | |
|---|---|---|---|---|---|
| 种类 | 9 | 株数 | 9 | 尺寸 | 长:233　宽:178　高:135 |

| 1 | 2 | 3 | 4 | 5 | 6 | 7 | 8 | 9 | 10 | 11 | 12 |
|---|---|---|---|---|---|---|---|---|---|---|---|

*cheerful pink*

# 以盛开的雏菊
# 感受春天的悄然而至

此作品的主角是能让人感受到春天气息的橙红色雏菊，其间混种了百脉根，以提升明亮度，再用干净利落的黑色车轴草作为边衬。奶油色和黑色是百搭色，在组合盆栽中既能添彩，又能打底。

### 俯视结构图

### 植物清单

① 雏菊'桃色绒球'
② 香雪球
③ 百脉根
④ 黑色车轴草
⑤ 百里香'福克斯莱'

### 数据

| 难度 | ☆☆☆ | | 材质 | 镀锡 | |
|---|---|---|---|---|---|
| 种类 | 5 | 株数 | 9（7） | 尺寸 | 长:240　宽:170　高:130 |

| 1 | 2 | 3 | 4 | 5 | 6 | 7 | 8 | 9 | 10 | 11 | 12 |
|---|---|---|---|---|---|---|---|---|---|---|---|

## quaint pink

# 元气满满的粉色花朵
# 犹如春天的使者

立体

　　此作品集合了在早春盛开的各种粉色花朵，再搭配上明亮的奶油色系彩叶植物，让人充分感受到春天的到来。带着朵朵花蕾的石南香和欧石南给人一种迸发向上的力量。

**数据**

| 难度 | ☆ ☆ ☆ ☆ |
| --- | --- |
| 材质 | 玻璃钢 |
| 种类 | 12　　株数　12 |
| 尺寸 | 长：290　宽：290　高：185 |

| 1 | 2 | 3 | 4 | 5 | 6 | 7 | 8 | 9 | 10 | 11 | 12 |

**要点**

　　叶片的搭配方法和花一样，选用同色系、不同尺寸的植材，能够增加纵深感，使作品显得更加立体。

## refined beige

# 用绿叶轻衬出
# 迷你玫瑰的明媚高雅

　　米色系的迷你玫瑰之间穿插着几朵淡紫色的品种，颜色和形态顿显立体。矾根和薹草的枝叶营造出轻盈感。矾根易于培植，十分受欢迎，开出的花朵娇俏美丽，花期持久。

### 俯视结构图

**植物清单**

① 迷你玫瑰'咖啡'
② 迷你玫瑰'波莱罗'
③ 黄水枝
④ 矾根'树根啤酒'
⑤ 南二仙草'惠灵顿古铜'
⑥ 千叶兰'霓虹'
⑦ 常春藤'雪花'
⑧ 薹草

### 数据

| 难度 | ☆☆☆☆☆ | 材质 | 铁 | | |
|---|---|---|---|---|---|
| 种类 | 8 | 株数 | 12 | 尺寸 | 长:250　宽:190　高:120 |

| 1 | 2 | 3 | 4 | 5 | 6 | 7 | 8 | 9 | 10 | 11 | 12 |
|---|---|---|---|---|---|---|---|---|---|---|---|

## refined purple

# 用白色的小花衬托
# 深色系花朵的美艳

　　紫红色的骨子菊和纯白色的溲疏花形成了清新的色彩对比。其中骨子菊是多花型植物，可以用速效的液体肥料进行管理。

### 俯视结构图

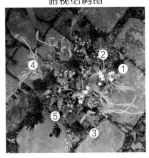

**植物清单**

① 骨子菊'玛丽'
② 细梗溲疏
③ 花叶石蚕叶婆婆纳'米菲兔'
④ 薰衣草
⑤ 矾根'樱桃可乐'

### 数据

| 难度 | ☆☆☆ | 材质 | 陶 | | |
|---|---|---|---|---|---|
| 种类 | 5 | 株数 | 6 | 尺寸 | 长:250　宽:250　高:140 |

| 1 | 2 | 3 | 4 | 5 | 6 | 7 | 8 | 9 | 10 | 11 | 12 |
|---|---|---|---|---|---|---|---|---|---|---|---|

## bright yellow

## 四棱大戟的独特姿态
## 给组盆带来无穷乐趣

平面

本作品以黄色的四棱大戟为中心，集合了多种黄色花草。为了不破坏四棱大戟独特的线条，特意避开了形态僵硬的植材。花盆也配合四棱大戟的气质，选择了有金属质感的镀锡花盆。

### 俯视结构图

**植物清单**
① 四棱大戟
② 黄花酢浆草
③ 北美钩吻
④ 苔景天
⑤ 帚石南

### 数据

| 难度 | ☆☆☆☆ | | 材质 | 镀锡 | |
|------|------|------|------|------|------|
| 种类 | 5 | 株数 | 5 | 尺寸 | 长:250　宽:250　高:200 |

| 1 | 2 | 3 | 4 | 5 | 6 | 7 | 8 | 9 | 10 | 11 | 12 |

## refined white

## 纯白的花朵
## 在花篮中满溢

平面

藤编的花篮里种了屈曲花和香雪球，带有白纹的常春藤和银斑百里香从其间穿过，让色调更显柔和。有着银色叶片的银叶菊是彩叶中的主角。屈曲花原本是春天开花的宿根草本植物，最近也培育出了晚秋开花的品种。

### 俯视结构图

**植物清单**
① 香雪球
② 屈曲花'新娘捧花'
③ 银斑百里香
④ 常春藤'斯佩奇利'
⑤ 常春藤'马蒂尔德'
⑥ 亚菊

### 数据

| 难度 | ☆☆☆☆ | | 材质 | 藤 | |
|------|------|------|------|------|------|
| 种类 | 6 | 株数 | 14 | 尺寸 | 长:330　宽:230　高:230 |

| 1 | 2 | 3 | 4 | 5 | 6 | 7 | 8 | 9 | 10 | 11 | 12 |

核心花材

① ②

核心叶材

③ ④

俯视结构图

植物清单
① 报春花'勃艮第'
② 松红梅
③ 金鱼草
④ 长阶花
⑤ 红脉酸模
⑥ 扶芳藤
⑦ 香雪球
⑧ 过路黄'流星'

*quaint red*

## 亮色与深色碰撞而出的
## 别致组合盆栽

立体

此作品的花材是为了配合形状和造型都很独特的陶器花盆而特意选择的。利用不同的植材制造出高低差，灵动的美感更加凸显了花盆美丽的造型。色彩鲜艳的深红色报春花和有着优美红色叶脉的酸模在底部作为配景，整体和谐又生动。

**数据**

| 难度 | ☆☆☆☆ | | |
|---|---|---|---|
| 材质 | 陶 | | |
| 种类 | 8 | 株数 | 8 |
| 尺寸 | 长:235 | 宽:235 | 高:260 |

| 1 | 2 | 3 | 4 | 5 | 6 | 7 | 8 | 9 | 10 | 11 | 12 |
|---|---|---|---|---|---|---|---|---|---|---|---|

**要点**

根部强壮的花木类植物要比草花类植物更容易缺水，因此注意要时常浇水。

## 在复古容器中
## 盛开的清新小花

平面

这是一件由带来春讯的菊科植物组合而成的作品。蓝色和米黄色的搭配，营造出一幅阳光明媚、春风拂面的画面。另外，花的大小也各不相同，使得这首"春之歌"抑扬顿挫、富有节奏。

俯视结构图

**植物清单**
① 金盏花'古铜美人'
② 费利菊
③ 白晶菊'雪域'
④ 常春藤
⑤ 香雪球

**数据**

| 难度 | ☆☆☆☆ | | 材质 | 镀锡 | |
|---|---|---|---|---|---|
| 种类 | 5 | 株数 | 19 | 尺寸 | 长:330　宽:330　高:150 |

| 1 | 2 | 3 | 4 | 5 | 6 | 7 | 8 | 9 | 10 | 11 | 12 |
|---|---|---|---|---|---|---|---|---|---|---|---|

## 纯白优美的铁筷子
## 让整个作品高贵醒目

平面

王冠形状的仿古陶器里，白绿相间的小花和绿叶把纯白优美的铁筷子团团包围。巧用绿色，可以让花和其他彩叶都更醒目。

俯视结构图

**植物清单**
① 铁筷子
② 欧石南'达尔利'
③ 杂色肉豆蔻天竺葵
④ 羽衣甘蓝（切叶）
⑤ 矾根'挂毯'
⑥ 薜荔（小叶）
⑦ 茵芋'戈德利小矮人'
⑧ 沿阶草

**数据**

| 难度 | ☆☆☆ | | 材质 | 陶 | |
|---|---|---|---|---|---|
| 种类 | 8 | 株数 | 10 | 尺寸 | 长:260　宽:260　高:175 |

| 1 | 2 | 3 | 4 | 5 | 6 | 7 | 8 | 9 | 10 | 11 | 12 |
|---|---|---|---|---|---|---|---|---|---|---|---|

植物清单

| ① 迷你玫瑰 | ⑦ 松红梅 |
|---|---|
| 　'波尔多' | ⑧ 金钩吻 |
| ② 仙客来 | ⑨ 金鱼草 |
| ③ 石竹'黑爵士' | ⑩ 丽果木 |
| ④ 黄金香柳 | ⑪ 过路黄'里希' |
| ⑤ 澳洲朱蕉 | ⑫ 过路黄 |
| ⑥ 金心常春藤 | 　'午夜阳光' |

*quaint red*

## 红与黄的缤纷对照下，巧用线条强弱凸显美感

立体

朱蕉极具线条感的叶片为整个作品带来了视觉冲击，同时，柔和的黄金香柳又中和了其生硬的感觉。在配色方面，红色、黄色和褐色的组合形成了强烈的对比，底部深绿色的枝叶又让整体的配色达到了平衡。

**数据**

| 难度 | ☆ ☆ ☆ ☆ |  |  |
|---|---|---|---|
| 材质 | 陶 |  |  |
| 种类 | 12 | 株数 | 14 |
| 尺寸 | 长：290 | 宽：180 | 高：320 |

| 1 | 2 | 3 | 4 | 5 | 6 | 7 | 8 | 9 | 10 | 11 | 12 |
|---|---|---|---|---|---|---|---|---|---|---|---|

### 要点

黄色的黄金香柳略微怕寒，建议放在室内管理，避免挂霜。

# 冬春季节的人气植物

即便在寒冬，也有很多花儿竞相开放，其中不乏一些原本早春开花而提前了花期的植物。所以，通过精心搭配，冬春季节也能做出充满春色的组合盆栽作品。

## 报春花

形态：团簇生长
分类：报春花科多年生草本，作一年生栽培
特征：从冬天到次年春天均可观赏。花色十分丰富，其中玫瑰花形的品种近年来非常流行。冬去春来，花的大小几乎不会变化，所以也常用来制作花环。

| 1 | 2 | 3 | 4 | 5 | 6 | 7 | 8 | 9 | 10 | 11 | 12 |

## 龙面花

形态：直立生长 / 团簇生长
分类：玄参科多年生草本
特征：花色丰富，常用作组合盆栽的重点色花材。花谢后重新修剪追肥，一个月后又能盛开。花期能从秋天延续到次年春天。

| 1 | 2 | 3 | 4 | 5 | 6 | 7 | 8 | 9 | 10 | 11 | 12 |

## 石竹'黑爵士'

形态：直立生长
分类：石竹科多年生草本
特征：花色深红，接近于黑色。花蕾饱满舒展，叶片遇寒会透出古铜色，可作为组合盆栽的重点色。

| 1 | 2 | 3 | 4 | 5 | 6 | 7 | 8 | 9 | 10 | 11 | 12 |

## 迷你玫瑰

形态：直立生长
分类：蔷薇科落叶灌木
特征：品种多样，全年都有流通。若要进行组合盆栽，推荐在秋天到次年春天的低温期使用。花期较长，冬天病虫害也少。

| 1 | 2 | 3 | 4 | 5 | 6 | 7 | 8 | 9 | 10 | 11 | 12 |

## 雏菊

形态：团簇生长 / 横向生长
分类：菊科多年生草本
特征：从秋天到次年春天，粉色、白色等各色的雏菊争相盛开，是花坛里的常客。花朵越开越圆的'蒂罗尔'等品种很有人气。

| 1 | 2 | 3 | 4 | 5 | 6 | 7 | 8 | 9 | 10 | 11 | 12 |

## 骨子菊

形态：直立生长 / 团簇生长
分类：菊科多年生草本
特征：从春天到初夏，各式各样的骨子菊纷纷开花，从2月左右就开始出现在花店了。低温期虽然花期更持久，但容易被冻伤，需要注意。

| 1 | 2 | 3 | 4 | 5 | 6 | 7 | 8 | 9 | 10 | 11 | 12 |

## 摩洛哥雏菊

性质：直立生长 / 团簇生长 / 横向生长
分类：菊科多年生草本
特征：银白色枝叶，白色或者粉色的花朵。相对耐寒，从冬天开到次年春天，可以长期观赏。

| 1 | 2 | 3 | 4 | 5 | 6 | 7 | 8 | 9 | 10 | 11 | 12 |

## 金盏花'古铜美人'

形态：直立生长
分类：菊科一年生草本
特征：有着色彩明亮的棕色系花朵，能从冬天开到次年春天，非常容易栽培。植株生长较快，多株一起种植效果十分华丽。

| 1 | 2 | 3 | 4 | 5 | 6 | 7 | 8 | 9 | 10 | 11 | 12 |

## 铁筷子

**形态**：团簇生长
**分类**：毛茛科多年生草本
**特征**：花期从冬天到次年春天。耐寒喜阴，适用于多种主题的作品。

1 2 3 4 5 6 7 8 9 10 11 12

## 屈曲花'新娘捧花'

**形态**：横向生长
**分类**：十字花科多年生草本
**特征**：从冬天到次年春天，纯白的小花开满全株。既耐热又耐寒，易于栽培，每年都能观赏。

1 2 3 4 5 6 7 8 9 10 11 12

## 西班牙薰衣草

**形态**：直立生长 / 团簇生长
**分类**：唇形科多年生草本
**特征**：春天开花的一季花品种。花色、花形多样，耐热易栽培，每年都能观赏。

1 2 3 4 5 6 7 8 9 10 11 12

## 茵芋

**形态**：直立生长 / 团簇生长
**分类**：芸香科常绿灌木
**特征**：非常容易种植的素材。秋冬季节，市面上会有冒出花蕾的花苗出售，到了次年春天就会悠悠地开出花来。还有杂色品种。

1 2 3 4 5 6 7 8 9 10 11 12

## 金钩吻

**形态**：直立生长 / 横向生长
**分类**：钩吻科常绿木质藤本
**特征**：虽然是春夏之交才会开出黄色花朵的藤本植物，但是在12月前后市面上就会有带花蕾的花苗出售。耐寒性优秀，适用于冬日主题的组合盆栽制作。

1 2 3 4 5 6 7 8 9 10 11 12

## 长阶花

**形态**：直立生长 / 团簇生长
**分类**：车前科常绿灌木
**特征**：低温时期叶片会变成鲜艳的粉色，或染上白色纹路，常以亮粉色的纹路为特色作为彩叶欣赏。

1 2 3 4 5 6 7 8 9 10 11 12

## 红脉酸模

**形态**：直立生长
**分类**：蓼科多年生草本
**特征**：深绿色叶片中间的叶脉呈红色，别致优美。高温时期容易长得过大，冬春季节生长则较为缓慢，可以用来制作花环。

1 2 3 4 5 6 7 8 9 10 11 12

## 天竺葵

**形态**：直立生长 / 团簇生长
**分类**：牻牛儿苗科多年生草本
**特征**：小小的叶片粉嫩柔软，带着浅色的斑纹。虽然外表纤细，却十分易于种植，是衬托其他植物的最佳配角。

1 2 3 4 5 6 7 8 9 10 11 12

## 金雀花

**形态**：直立生长 / 横向生长
**分类**：豆科多年生草本
**特征**：娇嫩的叶片尖是粉粉的奶油色，可以提高组合盆栽的亮度。种在其他植物之间，悄悄冒出头来，效果最佳。

1 2 3 4 5 6 7 8 9 10 11 12

# 冬春季节的主角花材

　　报春花种类多样，花色丰富。在冬去春来前的寒冷时节也能不断开花，是不可多得的冬春季主角花材。

　　这一时期植物的养护会相对复杂。忘记摘除枯萎的花，由于缺水或者浇水过多、缺肥等原因造成烂叶等，都有可能导致植株发霉、生病，所以需要尽早摘除枯花烂叶。

以报春花'麝香葡萄果冻'为主角，短舌匹菊和香雪球为陪衬制作而成的柠檬绿色清新通透的美丽花环。香雪球的枝条过长会显得杂乱，插入花环内部即可。

拥有独特花色的报春花，再搭配银白色系的数种彩叶，虽然是较为少见的品种，依然让作品既有纵深感，又不失高雅。植材包括报春花'银蓝'、鳞叶菊、常春藤'塞浦路斯'等。

报春花'香槟摩卡'暗沉的玫红色有种成熟的气息。牛至'肯特美人'初夏时节开花，此处作为一种别致的彩叶使用。其他植材还有斑叶紫金牛、过路黄'流星'等。（左上）

花篮形状的容器中挤满了株型矮小的花草。种植的花草打造出枝叶仿佛要溢出花篮一般的形态。植材有报春花'朱利安'、狭叶鹅河菊'冷白'、野芝麻'粉珍珠'、花叶石蚕叶婆婆纳'米菲兔'等。（右上）

以娇俏的报春花'草莓千层酥'为主角，搭配络石和同色系的龙血锦，就形成了粉色渐变的甜美花环。粉色和银白色的组合，明媚且高雅。（右下）

# 羽衣甘蓝在冬日的竞演

羽衣甘蓝作为热门的年宵花，颇具人气。近年来，种在小花钵里的组合盆栽专用花苗也大量出现在市面上。不仅如此，荷叶边、黑叶片、杂色等各种各样的新品种不断增加，除了作为热门的年宵花，它也成了冬季常用的盆栽彩叶之一。羽衣甘蓝在气温较低时生长停滞，直到春暖花开之前大小几乎不变，因此可以放心大胆地大量种植、尽情观赏。

这件作品设计简单，但随着时间流逝，植株间的银白色叶片生长开来，作品的样貌也会发生变化。

此作品集中种植了叫作'茜'的羽衣甘蓝，叶片中央浮现出红色脉络，十分美丽。帚石南的小花从缝隙间冒出头来，让整个作品的感觉更加细腻。

荷叶边的羽衣甘蓝富贵雅致，同色系的鹅河菊和三叶草凸显了层次感，将它们组合在一起，打造出一件简约又奢华的花环作品。

紫色、白色的羽衣甘蓝作为彩叶使用，成就了这个清新感十足的花环。

# Chapter 5
# 花环造型的组合盆栽专题

## 秋冬是适合制作花环的季节

花环，就是中间呈空心的甜甜圈造型的花艺作品。放在时尚的花园椅上，或者挂在墙上、门上，顿时能给整个空间增色不少，花环作品也因此在近几年积累了不少人气。

虽然花环如此受欢迎，但也有几点需要注意。一是由于土量较少，容易干燥缺水；二是植物的生长不利于维持甜甜圈的形状。基于以上原因，最适合制作花环的季节就是气温较低、不易干燥、植物生长缓慢且不会凌乱的深秋至次年早春这一时期。

当然，即便在其他季节，只要选择合适的植物，依然可以充分享受花环的美丽。

# 花环造型组合盆栽精彩案例

核心花材

① ②

核心叶材

③ ④

俯视结构图

② ⑤ ⑤ ④ ③ ①

**植物清单**
① 蛇目菊
② 丽菊
③ 网纹草
④ 黄金细叶万年草
⑤ 苔景天

*bright yellow*

## 用明媚的小花制作
## 满载春意的花环

鲜艳的黄色花叶搭配白色的小花，春意十足，种植在这个孔雀蓝色的藤编环状花篮中，就做成了一个满载春意的花环。虽然只使用了几种花材，却充分体现了元气满满的层次感。

**数据**

| 难度 | ☆ ☆ ☆ |
| --- | --- |
| 材质 | 藤 |
| 种类 | 5　　株数　16（13） |
| 尺寸 | 长:300　宽:300　高:90 |

| 1 | 2 | 3 | 4 | 5 | 6 | 7 | 8 | 9 | 10 | 11 | 12 |

**要点**

把枝条细长的彩叶编进整个花环里，体现自然的氛围。

① ②

③

核心叶材

⑤

俯视结构图

**植物清单**

① 多头菊
② 莲子草 '千日小坊'
③ 天竺葵 '薰衣草恋人'
④ 常春藤 '塞浦路斯'
⑤ 莲子草 '火星'

*quaint purple*

# 富有层次感的
# 紫色系秋季花环

以粉紫色系的菊花为主角，再用莲子草和天竺葵调整色彩的
强弱。原本莲子草'千日小坊'有一定高度，但横向诱导生长后，
也可用在花环盆栽的制作中。

**数据**

| 难度 | ☆ ☆ ☆ |
| --- | --- |
| 材质 | 藤 |
| 种类 | 5　株数 12 |
| 尺寸 | 长 :300　宽 :300　高 :90 |

| 1 | 2 | 3 | 4 | 5 | 6 | 7 | 8 | 9 | 10 | 11 | 12 |
| --- | --- | --- | --- | --- | --- | --- | --- | --- | --- | --- | --- |

**要点**

莲子草或天竺葵的枝条如果长出界
了，牵引回花篮内即可。

# 鲜亮的橘黄色
# 花环盆栽

环状花篮里种植一圈勋章菊，朵朵橘黄色的花开在带着浅色斑纹的叶片之间。植株间种上有着自然气息的牛至和伏胁花，增添了柔和的感觉。

### 俯视结构图

**植物清单**
① 斑叶勋章菊
② 牛至'肯特美人'
③ 伏胁花

### 数据

| 难度 | ☆☆☆ | 材质 | 藤 | | |
|---|---|---|---|---|---|
| 种类 | 3 | 株数 | 18（13） | 尺寸 | 长:300  宽:300  高:90 |

| 1 | 2 | 3 | 4 | 5 | 6 | 7 | 8 | 9 | 10 | 11 | 12 |
|---|---|---|---|---|---|---|---|---|---|---|---|

# 氛围感十足的
# 小菊花花环

深浅不同的黄色小菊花，中间夹杂着黄色和橘色的莲子草，随性地编入几朵蔓长春花，更显柔美。

### 俯视结构图

**植物清单**
① 洋甘菊
② 多花素馨'银河'
③ 莲子草（黄色）
④ 莲子草（橙色）
⑤ 蔓长春花

### 数据

| 难度 | ☆☆☆☆☆ | 材质 | 藤 | | |
|---|---|---|---|---|---|
| 种类 | 5 | 株数 | 14 | 尺寸 | 长:350  宽:350  高:100 |

| 1 | 2 | 3 | 4 | 5 | 6 | 7 | 8 | 9 | 10 | 11 | 12 |
|---|---|---|---|---|---|---|---|---|---|---|---|

**植物清单**
① 龙胆
② 红脉酸模
③ 矾根 '俄勒冈小径'
④ 龙血景天 '小球玫瑰'
⑤ 齿叶半插花
⑥ 薜荔（小叶）
⑦ 尼泊尔悬钩子

**数据**

| 难度 | ☆ ☆ ☆ ☆ | | |
|------|----------|---|---|
| 材质 | 藤 | | |
| 种类 | 7 | 株数 | 15（13） |
| 尺寸 | 长:300 | 宽:300 | 高:90 |

| 1 | 2 | 3 | 4 | 5 | 6 | 7 | 8 | 9 | 10 | 11 | 12 |
|---|---|---|---|---|---|---|---|---|----|----|----|

*calm blue*

# 深色系彩叶
# 与龙胆的绝妙搭配

为了不抢深蓝色龙胆花的风采，特意选择了深绿色、深红色、黑色等深色系的彩叶，做出了精妙的搭配。尼泊尔悬钩子柔软纤长的枝条缓和了整体的生硬感。

**要点**

如果担任主角的草花颜色较为雅致，可选用深色的叶片烘托出沉稳安静的感觉。

核心花材

② ③

核心叶材

① ④

俯视结构图

② ① ④ ③ ⑤

植物清单
① 羽衣甘蓝（切叶）
② 蓝盆花
③ 屈曲花'新娘捧花'
④ 亮叶忍冬'黎明女神'
⑤ 百里香'福克斯莱'

*refined purple*

# 演绎冬日绝美风采的
# 紫色系花环

数据

| 难度 | ☆ ☆ ☆ ☆ |  |  |
|---|---|---|---|
| 材质 | 藤 |  |  |
| 种类 | 5 | 株数 | 15 |
| 尺寸 | 长 :350 | 宽 :350 | 高 :100 |

| 1 | 2 | 3 | 4 | 5 | 6 | 7 | 8 | 9 | 10 | 11 | 12 |
|---|---|---|---|---|---|---|---|---|---|---|---|

羽衣甘蓝带有缺口的叶片别有一番趣味，再搭配上同色系的蓝盆花和白色的屈曲花，清新袭人，让人不由地以为春天来了。切叶型的羽衣甘蓝存在感不会过于强烈，可以很自然地与时令花草搭配。

### 要点

根据羽衣甘蓝叶片颜色或形态的不同，作品风格可以呈现出正月新年风、时令季节风，等等。

## 红果与绿叶的
## 绝美演绎

　　以丽果木作为主角的花环盆栽作品。红叶化了的帚石南在丽果木和其他彩叶之间形成了良好的过渡。这种只用了彩叶和果实的作品，维护保养相当简单，可以长期观赏。

俯视结构图

**植物清单**
① 丽果木
② 帚石南
③ 多花素馨'银河'
④ 具刺非洲天门冬
⑤ 常春藤'拉普拉塔'

**数据**

| 难度 | ☆★★★☆ | | 材质 | 藤 | | | |
|---|---|---|---|---|---|---|---|
| 种类 | 5 | 株数 | 19（17） | 尺寸 | 长：350 | 宽：350 | 高：100 |
| 1 2 3 4 5 6 7 8 9 10 11 12 | | | | | | | |

## 暖色系的橘色和黄色
## 营造明亮热烈的氛围

　　橘色报春花和黄色香堇菜的组合，既华丽又温暖。充当重点色的花材选用了颜色较浓的络石。暖色系大大小小的花花叶叶拥在一起，打造出一派热闹景象。

俯视结构图

**植物清单**
① 香堇菜'杏唇'
② 报春花'桃子芝士'
③ 香雪球
④ 络石
⑤ 薄荷'银河'
⑥ 染色三叶草

**数据**

| 难度 | ☆☆☆☆ | | 材质 | 藤 | | | |
|---|---|---|---|---|---|---|---|
| 种类 | 6 | 株数 | 26（18） | 尺寸 | 长：350 | 宽：350 | 高：110 |
| 1 2 3 4 5 6 7 8 9 10 11 12 | | | | | | | |

# 试着制作
# 草本花环吧

花环造型的组合盆栽和普通组合盆栽的制作过程并没有什么差别，只是容器不同而已。只要肯花心思，各种各样的容器都能拿来使用。

材料
蝴蝶草'紫色面纱'4株、新娘草4株。培养土、日向土（盆底石）、颗粒状基肥、固体追肥、编花环用的藤编环状花篮。

只要有制作花环的环形容器，就能轻松制作花环。左图中，横向生长的蝴蝶草'紫色面纱'和开着白色小花的新娘草制成了简单又持久的花环。

1　在环形铺垫的塑料膜上开10~15个洞，用来排水。

2　铺一圈日向土，由于容器不深，所以只需要浅浅地铺一层，然后再铺上培养土。

3　把蝴蝶草和新娘草交叉摆好，确认位置。

4　轻轻清理蝴蝶草土球底部的根。

5　土球清理了一圈后的状态。

6　将花环四等分，配植蝴蝶草。

7 用同样的方法轻轻清理新娘草土球。

8 在蝴蝶草的植株间均匀地插入新娘草。

9 配植完成后，在植株间加入泥土。

10 铺上水苔，既保持水分，又美化外观。

11 种完后，修剪悬垂的枝条，之后开出的花就能形成团簇状。

12 平放花环，充分浇水直到底部有水流出。

## 花环的管理

如果将花环吊起或者立起放置，在使用了团簇生长或直立生长的植物的情况下，植物会慢慢地垂直往上生长。所以要时常注意变换花环放置的角度。

1 取下花环，放在平地上。

2 充分浇水，直到底穴有水流出。水停止流出之后，再变换角度挂回原位。

## 花环的装饰方法

草花类的花环，一般斜靠着椅背来装饰。

藤编花环作品中的植物多呈"v"字形生长或笔直生长。如果垂直吊挂，泥土很容易洒落出来，大型作品还可能因为重力作用，泥土都沉积到下部，导致花环整体变形，所以需要十分注意。垂直吊挂不太大的藤编花环时，可用绳子或棉线固定泥土表面，防止泥土发生位移。

绳编类型的花环，植栽部分大多比较拥挤，种完后横放数日，让植株习惯这个环境，并等泥土表面的水苔稍稍固定了之后，再垂直吊挂。

# 三色堇和香堇菜的魅力

　　三色堇和香堇菜的品种十分丰富，人气颇高，花期也长，是组合盆栽中绝不会让人失望的植材。在具有层次感的组合盆栽里，它们可作为边衬使用。另外，它们还可以搭配彩叶或者小花。

荷叶边花瓣的淡粉色三色堇'桃子'，搭配同样荷叶边的白色小花香堇菜'婚纱'，浅色系的组合充满了立体感。

由花色淡雅的香堇菜'糖霜巧克力'做成的花环盆栽作品。

既可爱又妩媚的香堇菜'小桃红'花色繁多，有粉色、玫瑰色等。选取了颜色深浅不一的3株种在一起，其间混植了同色系的彩叶植物。

# ◆组合盆栽的基础知识

## 制作流程

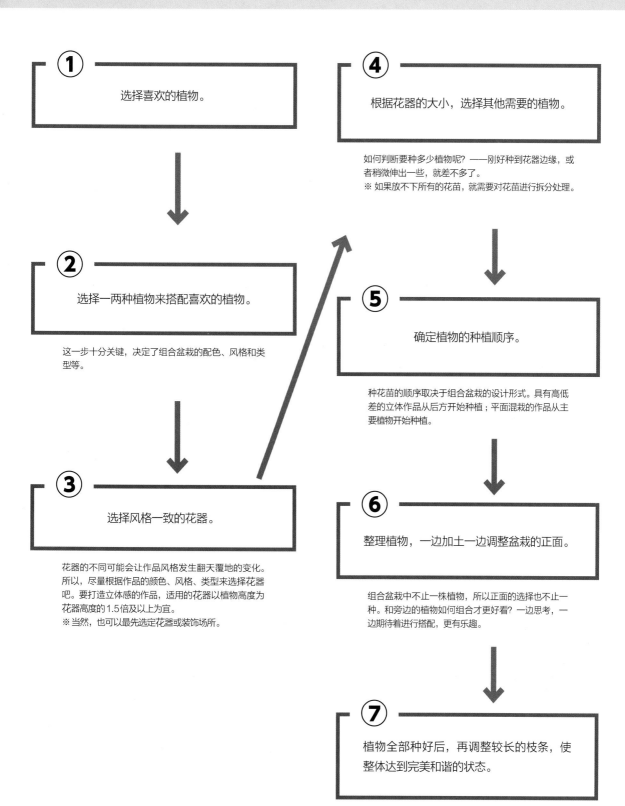

**①** 选择喜欢的植物。

**②** 选择一两种植物来搭配喜欢的植物。

这一步十分关键，决定了组合盆栽的配色、风格和类型等。

**③** 选择风格一致的花器。

花器的不同可能会让作品风格发生翻天覆地的变化。所以，尽量根据作品的颜色、风格、类型来选择花器吧。要打造立体感的作品，适用的花器以植物高度为花器高度的1.5倍及以上为宜。
※ 当然，也可以最先选定花器或装饰场所。

**④** 根据花器的大小，选择其他需要的植物。

如何判断要种多少植物呢？ ——刚好种到花器边缘，或者稍微伸出一些，就差不多了。
※ 如果放不下所有的花苗，就需要对花苗进行拆分处理。

**⑤** 确定植物的种植顺序。

种花苗的顺序取决于组合盆栽的设计形式。具有高低差的立体作品从后方开始种植；平面混栽的作品从主要植物开始种植。

**⑥** 整理植物，一边加土一边调整盆栽的正面。

组合盆栽中不止一株植物，所以正面的选择也不止一种。和旁边的植物如何组合才更好看？一边思考，一边期待着进行搭配，更有乐趣。

**⑦** 植物全部种好后，再调整较长的枝条，使整体达到完美和谐的状态。

# 必备工具

　　组合盆栽的制作不需要多少复杂的工具。在动手前，准备必需的几样即可。

　　另外，由于园艺作业少不了与泥土亲密接触，建议准备几套穿脏了也不会心疼的衣服，尽量戴着手套操作，结束后要记得好好洗手。

**移植铲**
在移植或更换植物时使用。适合自己手掌大小的移植铲用起来最为顺手。细窄款更适合在挖植物时使用。

**筒铲（大号、塑料）**
在大量放入培养土或者盆底石时使用。

**筒铲（小号、不锈钢）**
在植株间加填培养土时，使用这种筒铲最为方便。不锈钢材质的筒铲坚固又耐用，十分好用。

**花剪**
在修剪植株、剪除残花时使用，也可以用修枝剪。刀刃部分比一般的修枝剪或园艺剪刀更细，使用更方便。

**浇水壶**
浇水时，水尽量不要直接浇到花叶上，动作要轻，避免泥土从花盆里溅出。喷水壶最好选择喷嘴可以取下的类型。

**细木棒**
为了方便作业，可就地取材。长度、粗细合适的筷子也可以使用。

**盆底网**
塑料的盆底网便宜又好用。还有铜制的盆底网。

**手套**
可以阻隔脏污和细菌，还可以避免手因触碰到带刺的植物或锋利的工具而受伤。手套最好选择不会影响精细操作的材质。

# 植物的选择

想制作组合盆栽却不知该怎样选择植物？想参考书或杂志的示例，但不一定能买到同样的植物……想必大家在制作组合盆栽时都遇到过这类问题吧，不妨试着融入自己的风格，在参考示例的基础上加以变化。

选择植物时，按照下面的顺序一步一步进行，最终完成的作品肯定错不了。反过来说，如果不事先想好种什么植物，就买上一堆，最后会变得难以收拾。

## ① 确定一种想种的植物

组合盆栽中植物的选择因人而异。但是，无论如何，如果不是自己想种的植物，只怕很难爱上最后完成的作品。因此，先确定一种想种的植物，这一点很关键。

## ② 设想配色

确定主角植物后，再挑选用来搭配的植物。在这之前，先决定配色方案吧。

比如，一开始选择的花是黄色的香堇菜，那么，是叠加其他黄色系的花材来凸显明亮的效果？还是混种淡柠檬绿色、白色等花材来营造柔和的氛围？又或是用红色、紫色等对比色打造出五彩缤纷的感觉？有多种不同的配色方案，首先确定你想要呈现的效果。

## ③ 考虑作品的形态

如果想让黄色香堇菜最显眼，那么配材就选择比香堇菜更小巧的花叶，用平面混栽的形式来种植。

如果想种植比黄色香堇菜更高大的植物，就可以用立体组合的形式打造你的专属组合盆栽。

## ④ 若想做成从花盆边垂下的效果

选择匍匐生长或者枝叶下垂的植物种在花盆边缘位置即可。记得参照②中设想好的配色进行选择。

# 花盆的选择

　　花盆种类繁多，有各式各样的颜色、形状、材质可供选择，用不同的花盆制作的组合盆栽也会展现出各异的风格。根据设想好的作品的风格及想装饰的场所来选择合适的花盆吧。

　　花盆不是消耗品，如果保存妥当，可以无限次使用。所以即便价格稍高，若是碰到心仪的款式也不妨带它回家吧。另外，如果要使用多个花盆，最好让风格在一定程度上有所统一。

　　第一次制作组合盆栽时，推荐使用口径24cm的花盆，这个大小的花盆能容下多棵植株。另外，尽量不要选择过深的花盆。

◇素烧 & 陶瓷
素烧盆和陶瓷盆通气性和排水性优良，适用于绝大部分植物。上釉烧制后的陶瓷盆透气性略差，但影响不大。高温烧制的盆器十分坚硬，耐热耐寒。低温烧制的粗陶强度有所欠缺，需要注意。

素烧盆
朴素自然，能和各种植物搭配。

参考款式
流行
自然　别致
优雅

陶瓷盆
表面加工成裂纹状或凹凸不平的样式，显得别有风味。

参考款式
流行
自然　别致
优雅

◇玻璃钢
玻璃钢制成的花盆轻巧坚固，设计多样，耐寒耐热，室内、室外均可使用。

SAISON DES FRAISES

重量虽轻，却有陶器的厚重感。

参考款式
流行
自然　别致
优雅

◇金属制品

金属制品和植物十分百搭，且颜色、材质、设计都很多样。不同的制品可能需要不同的再加工，比如在盆底开洞，或者铺上棕榈丝来保持水土等。

**铁丝盆**

即便生锈了也别有风情。如果不喜欢，重新上漆即可。

参考款式

流行
自然　别致
优雅

BOÎTE

**镀锡盆**

能够搭配各种植物，在底部开洞也很容易。

参考款式

流行
自然　别致
优雅

◇木制品

有自然的质感，和植物很搭，重量也轻。和其他材质相比，缺点是容易损坏、不易保存。注意不要直接放在地面上，垫些砖瓦较为妥当。

参考款式

流行
自然　别致
优雅

有长方形、樽形等各种选择。

◇环状容器

用金属或者藤编而成的甜甜圈形状的容器。也可将插花的花盆底部开洞后使用。

和植物百搭，时尚新潮。

# 专栏

## ※盆底洞的注意事项

盆底的洞口如果过小，水就不容易排出，会导致土壤湿度过高。这时需要扩大洞口，或者增加洞的数量。

# 花器的制作

　　插花用的花器或者锡桶之类原本不是用来种花的容器，底部是没有洞的，但只要在底部开个洞，让水能流出，就能用来种植物了。只要有想法、肯尝试，很多东西都能做成花盆，请大胆尝试吧。

　　开洞的难度及后期花盆的耐久度等会因容器的不同而有所差异，洞的尺寸也要根据容器的大小来确定。另外，即便盆器底部没有洞，将盆栽放在淋不到雨的地方，适当浇水，植物也能生长，只是在养护上有一定难度。

## ◆金属容器
金属制品的开洞操作相对简单，开洞之后底部也不容易破裂。

   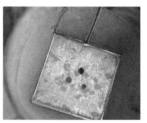

**1** 用带尖端的金属器具对准花盆底部，再用锤子敲打开洞。

**2** 用电钻扩大洞口。

**3** 洞口边缘用硬物敲打磨平。

**4** 边长12cm的锡桶底部开了3个洞。

## ◆石材、陶瓷容器
石材、陶瓷等制品容易破裂，需要慎重操作。

**1** 使用配备石材、陶瓷专用钻头的电钻进行钻孔。

**2** 在底部中间开洞。

**3** 根据容器的大小和排水需要，多开几个洞。

**4** 在盆底中央附近开了5个小小的洞。

# 培养土及水肥管理

在一个容器里种植多株植物，浇水过多容易导致植物根部窒息而腐烂，因此组合盆栽的培养土要选择利于排水的，根据植物种类、种植季节的不同，可以在培养土中适当混入鹿沼土或珍珠岩。

选择培养土时，有几点需要注意：（1）培养土过轻不利于保持水土，过重又不利于排水，选择质量适中的为宜；（2）不要选择颗粒非常细的培养土，这种培养土的排水性可能会很差；（3）最好选择混有基肥的培养土。

园艺作品中使用的花草大多是为了观赏效果而改良过的品种，需要很多养分。因此，专用培养土里会事先混入基肥。在后续的养护过程中，可能会出现基肥消耗完或是需要补充基肥里没有的养分，这时就需要追肥，根据季节和植物的不同，追肥有速效功能的液体肥料和铺上即可的固体肥料以供选择。速效液体肥料每7~10天补充一次，固体肥料则可一两个月补充一次。味道不重、便于处理的化合肥很适合用于组合盆栽。另外，施肥前请仔细阅读说明书。看似相同的产品，用途和用量也可能不同，请务必仔细阅读说明书后再进行施肥。

盆栽养护一段时间后，盆中的陈土排水能力和保肥能力都会减弱，最好将其倒出来进行晾晒、除虫，在混入防虫药、土壤再生材料之后，再重新使用。当然，也可以更换新的培养土。

## 专栏

### ※ 种完植物后记得浇水

购买的花苗带回家时肯定有保水措施，但培养土是装在袋子里干燥储存的，种下花苗后，培养土会夺走花苗里的水分。因此，种完后需要立刻充分浇水，让花苗根部和培养土充分浸湿。

# 施肥的方法

## ◆主要的固体肥料

固体肥料的作用机制是在每次浇水时溶解一部分，作用长期而缓慢。

基肥。混入培养土中使用。效果可持续3个月至半年。

小颗粒追肥。只需要放在土壤表面，效果可持续一两个月。

大颗粒追肥。只需要放在土壤表面，效果可持续两三个月。

## ◆基肥的混合

培养土中混合的基肥，必须选用专用的肥料。

1 准备适量的培养土和基肥。

2 将基肥倒入培养土中。

3 充分混匀。

## ◆液肥的稀释与施用方法

液肥具有速效性，可加水稀释后定期施用。

1 准备液肥（原液）、浇水壶、木棒。

2 按所需用量在浇水壶中倒入水。

3 按水量准备规定量的液肥。

4 把液肥倒入浇水壶。

5 用木棒充分搅拌。

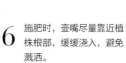

6 施肥时，壶嘴尽量靠近植株根部，缓缓浇入，避免溅洒。

# 病虫害的防治

不管是什么形式的植物种植，所有的病虫害都要秉持早发现、早处理的基本原则。

乙酰甲胺磷药剂有很好的防虫效果，尤其在高温时期的防虫除虫工作中作用极大。如果要使用陈土，可以掺入西维因等杀虫剂以预防和治理土中的切根虫。在实际应用中，需根据具体的病虫害选择合适的药剂。另外，使用杀虫剂时，务必戴上手套，避免药剂接触到皮肤。

◆ **常用杀虫剂类型**

乙酰甲胺磷　　　　　　　　西维因

◆ **乙酰甲胺磷的使用方法**
颗粒型的杀虫剂只需要撒在泥土表面即可。乙酰甲胺磷还有乳油形式的可供选择，使用前请多加注意。其对防治蚜虫、蜱虫类有较好效果。

1 按照规定剂量撒在植物根部周围的泥土表面。

2 撒完后浇水。此后每次浇水，药剂成分就会溶解渗透进土壤。

◆ **西维因的使用方法**
防治切根虫、西瓜虫时，可将西维因掺入培养土中使用。

1 准备西维因杀虫剂和培养土。

2 按照规定量掺入西维因颗粒。

3 用铲子将它们混合均匀。

# 植物的翻新

大部分组合盆栽都是把生长周期相近的植物组合起来种植的，但总会有一部分植物花期先结束，或者叶片先枯萎。把这些植物替换掉就可以继续欣赏这一作品，甚至还能让其展现新面貌。

## 专栏

### ※ 渐变色的妙用

组合盆栽设计的一大难点就是色彩的搭配，虽然颜色的多样有助于形成各式各样的风格，但也可能导致整体看起来散乱无章，没有重点。

不知该如何搭配颜色时，可以尝试使用渐变色，根据最想种植的植物的颜色，选择同色系不同深浅的其他颜色，制造出层次感。只要搭配得当，成品会很漂亮，而且不容易失败。

准备材料：因受寒而冻伤了部分植株的组合盆栽、替换用的白花柳穿鱼、培养土、移植铲、筒铲。

1 莲子草受寒枯萎了。

2 在枯萎植株四边插入移植铲。

3 把植株轻轻拔出，尽量避免剐蹭到花盆边缘。

4 枯萎的植株被完整拔出。如果是一年生植物，直接处理掉即可。

重点！

5 清除掉多余的泥土，便于种入新的植株。

**6** 给新植株的土球轻轻松土。

重点!

**7** 用双手轻压土球，压成易于种入的形状。

**8** 种入新花苗，添加新的培养土。

**9** 用手指按压培养土。

**10** 轻轻晃动花盆或敲打盆底，让泥土变得平整。

**11** 修剪生长过快的植株，整理形状。

修剪定形后，组合盆栽焕如新生，新种下的柳穿鱼在其中显得十分和谐。由于龙面花和雪朵花怕冷，所以要将组合盆栽摆放在日照良好的室内，然后就能观赏漂亮的植物直到春天了。

# 专栏

## ※ 彩叶植物的栽种期限

　　常春藤、干叶兰等常用的彩叶植物种下之后不管多少年都能持续生长，但若用在组合盆栽之中，栽种的期限最好不要超过两季。虽然枝条的长度可以修剪调整，但植株自身过于粗大，就会失去原有的纤细感，随之也会影响到整体作品的风格。

# 装饰的方法

组合盆栽摆放场所和装饰方法的不同会让其展现不同的风采。选择最适合、最能展现其魅力的方式来展示组合盆栽吧。

另外，植物的养护管理也很重要。保障植物所需的日照、通风和水肥，摘除枯萎花叶，确保植物处于最佳状态。选择便于管理的位置是长久观赏的重要前提。

玄关、门前等显眼的地方尽量放置大型的盆栽，而桌子上、长椅上则适合摆放小型盆栽。根据场景、位置来装饰组合盆栽，也是一种办法。

另外，如果要在同一场所装饰大量组合盆栽，可以选择统一质感、颜色的花盆，也可以利用花台、花园家具来制造高低差，形成自然华丽的装饰效果。

当然，为想装饰的场所量身定制合适的组合盆栽也未尝不可。

把大小不同的盆栽放在一起，利用花台、凉亭等打造被花包围的庭院一角。

## 专栏

### ※植物不要种成一排

在一个花盆里种植多株植物时，如果从正面看，花苗被排成了一条线，就会显得十分刻意、不自然。另外，排错了高低顺序可能导致种在后面的植物无法被看到，需要多加注意。

当然，在不强调自然风时，也有刻意排成一列，强调存在感的设计形式。

## 摆放的技巧

想要充分展示组合盆栽的魅力，摆放时需要了解以下几点。

①不要并列放置同等高度的组合盆栽

如上图所示，两个差不多高的组合盆栽并排摆放，看起来很刻意。

②前后左右不要排列成一条线

在摆放组合盆栽时，前后左右各个方向都要稍稍错开，才会显得自然。

③花盆颜色不宜过多

花盆质感统一时，选用两三种颜色是没问题的。但如果颜色过多，就会显得杂乱。

　　掌握了这3点，即使是多个盆栽，也能搭配得自然、和谐。在此基础上，再利用花台或者其他装饰品，就能让组合盆栽更加出彩。

# 专栏

### ※巧用长枝条的彩叶植物

　　观赏植物的生长过程也是组合盆栽的乐趣之一。不过也可以一开始就使用长枝条的彩叶植物，将它们种在组合盆栽的中央或者后方，混入其他植株之间，让枝条垂到花盆前方。

### ※统一花期

　　选择花期一致的植物是制作组合盆栽的基本原则。有些植物，比如三色堇、香堇菜，它们的花期能持续半年以上，能始终配合它们的植物很少。这时候就要设定自己想观赏的时期，再搭配这段时间能开花的植物，选择范围就会大很多。

## 作者简介

上田广树

　　1978年出生于日本大阪，是日本NHK电视节目《趣味园艺》的讲师、大阪府堺市"LOBELIA"园艺店的店长。他凭借绚丽的色彩搭配和细腻的个人风格成为日本最具人气的组合盆栽作家之一，不仅在日本各地举办组合盆栽知识讲座，还作为关西园艺界的希望之星，活跃在《趣味园艺》《手工花艺》等多个日本电视节目中。

**图书在版编目（CIP）数据**

四季创意组合盆栽 / （日）上田广树著；裴寻译 . 一 武汉：湖北科学技术出版社，2021.8
（绿手指小花园系列）
ISBN 978-7-5706-1588-9

Ⅰ . ①四… Ⅱ . ①上… ②裴… Ⅲ . ①盆栽 - 观赏园艺 Ⅳ . ① S68

中国版本图书馆 CIP 数据核字 (2021) 第136197号

"LOBERIA" UEDA HIROKI NO SHUNKA DE IRODORU YOSEUE TEKUNIKKU
©Hiroki Ueda 2014
All rights reserved.
Original Japanese edition published by KODANSHA LTD.
Publication rights for Simplified Chinese character edition arranged with KODANSHA
LTD. through KODANSHA BEIJING CULTURE LTD. Beijing,China.
本书由日本讲谈社正式授权，版权所有，未经书面同意，不得以任何方式作全面或局部翻印、仿制或转载。

四季创意组合盆栽
SIJI CHUANGYI ZUHE PENZAI

责任编辑：张荔菲
封面设计：胡　博
督　　印：刘春尧

| | | | |
|---|---|---|---|
| 出版发行：湖北科学技术出版社 | | 印　　刷：武汉市金港彩印有限公司 | |
| 地　　址：湖北省武汉市雄楚大道268号出版文化城 B 座<br>　　　　　13—14层 | | 邮　　编：430023 | |
| | | 开　　本：787×1092 1/16 6印张 | |
| 邮　　编：430070 | | 版　　次：2021年8月第1版 | |
| 电　　话：027-87679468 | | 印　　次：2021年8月第1次印刷 | |
| 网　　址：www.hbstp.com.cn | | 字　　数：12万字 | |
| | | 定　　价：49.80 元 | |

# 更多园艺好书，关注绿手指园艺家

板植 × 垂直空间，
为墙壁添上绿色的外衣。

解锁绿植新玩法，
用苔玉打造悬于空中的室内花园。

遵循自然节律，
打造健康、低维护的有机花园。

超实用的园艺搭配宝典，
零基础玩转色彩，get 花园设计师必备技能。

绿手指
GREEN FINGERS

# 更多园艺好书，关注绿手指园艺家

探索生活中的自然野趣，
用植物重建空间之美。

让花艺融入你的日常生活，
用花抚慰你的每一天。

花材选择、色彩搭配、制作手法，
全面揭示花艺大师独家插花技巧。

居家插花创意荟萃，
体验多重花植设计风格。